高等学校"十三五"重点规划
工程训练系列

CAILIAO CHENGXING JISHU JICHU

材料成形技术基础

主　编◆赵立红

副主编◆吴　滨　王利民　李　翀

主　审◆任正义

哈尔滨工程大学出版社

内 容 简 介

本书的内容主要包括：铸造成形技术、塑性成形技术、焊接成形技术、陶瓷及粉末冶金成形技术、高分子材料成形技术和复合材料成形技术。几乎涉及了机械制造生产过程中除机械加工以外所有的工程材料成形技术。每章附有一定数量的复习思考题。尤其值得一提的是，本书在介绍传统成形技术的同时，着意介绍了国内外材料成形技术方面的新进展及新动向。

本书可作为高等工科院校机械类专业学生学习本课程的通用教材，也可供高校近机类专业、高等工业专科学校、职业大学、电大师生及有关工程技术人员参考。

图书在版编目(CIP)数据

材料成形技术基础/赵立红主编. —哈尔
滨：哈尔滨工程大学出版社，2018.2(2021.12 重印)
ISBN 978 – 7 – 5661 – 1799 – 1

Ⅰ．①材⋯　Ⅱ．①赵⋯　Ⅲ．①工程材料—成型
Ⅳ．①TB3

中国版本图书馆 CIP 数据核字(2018)第 004084 号

选题策划　张　玲
责任编辑　马佳佳
封面设计　博鑫设计

出版发行　哈尔滨工程大学出版社
社　　址　哈尔滨市南岗区南通大街 145 号
邮政编码　150001
发行电话　0451 – 82519328
传　　真　0451 – 82519699
经　　销　新华书店
印　　刷　哈尔滨市石桥印务有限公司
开　　本　787mm×1 092mm　1/16
印　　张　13
字　　数　340 千字
版　　次　2018 年 2 月第 1 版
印　　次　2021 年 12 月第 3 次印刷
定　　价　32.00 元
http://www.hrbeupress.com
E-mail:heupress@hrbeu.edu.cn

前　言

本书内容是根据国家教育部机械基础课程教学指导委员会、工程材料及机械制造基础课程指导组《工程材料及机械制造基础等系列课程指导改革》的精神，基于《工程材料与机械制造基础课程知识体系和能力要求》，参考各高校教学改革的有益经验，汲取了国内外众多优秀学者的智慧，融入了丰富的工程经验，结合工程训练中心运行模式及其发展趋势，由具有多年工程实践经历及教学改革经验的教师编写而成。

本书在继承前版教材特点的基础上，对传统内容做了大量的压缩、调整及精选，以材料成形工艺方法的过程、特点、应用范围为主线，在分析零件结构工艺性、选择成形工艺方法及制定零件成形工艺过程中培养学生具备基本的分析与解决工程技术实际问题的能力。本书的内容实践性强，插图丰富、规范且图文并茂，名词术语和计量单位采用最新国家标准和行业标准。本书在坚持以常规成形工艺为主的同时，增加了工程材料成形的新方法、新工艺及新技术的内容，反映材料成形领域当今最新科技成果及发展动态。本书保持工程实践性课程教材的特色，使学生在学习本课程基本内容的同时开阔视野，激发学生勇于探索、乐于创新的欲望，以适应学科发展需求，成长为专业知识丰富、解决问题能力强、综合素质高的工程技术人员。

参加本书编写工作的有：吴滨（第 1 章）、赵立红（第 2 章）、王利民（第 3 章）、李翀（第 4 章、第 5 章和第 6 章）。全书由赵立红主编和统稿，任正义主审。

本书在编写过程中，参阅了国内外相关资料、文献和教材；一些老师也对本书的编写提供了宝贵的意见和建议，在此一并表示衷心的感谢。

由于编者水平有限，书中难免存在错误或疏漏之处，恳请专家和读者批评指正。

编　者

2018 年 1 月

目　　录

第1章　铸造成形技术

铸造是制造机器零件毛坯的主要成形方法之一。作为区别于其他成形方法的基本特点,铸造是一种液态金属成形的方法,即将金属熔化后,使其具有流动性,然后浇入具有一定形状的型腔的铸型中,液态金属在重力场或外力场(压力、离心力、电磁力、振动惯性力、真空等)的作用下充满型腔,冷却并凝固成具有型腔形状的铸件。

对于尺寸精度和表面粗糙度要求不高的零件,铸件可以不经过机械加工直接使用。但对于大多数有装配要求的铸件,还需要进行机械加工才能使用。随着少余量和无余量铸造方法的发展,有许多种铸件无须机械加工即可满足对零件精度和粗糙度的要求。铸造具有下列优点。

(1)能够制造形状复杂的铸件,其不仅可以有复杂的外形,而且可以有复杂形状的内腔,这是其他金属成形方法极难办到的。如机床床身、箱体、机架、机座、阀体、泵体、叶轮、气缸体、船用螺旋桨等。

(2)工艺适应性强,铸件质量、大小、形状及所用合金种类几乎不受限制。如,铸件质量可小至几克,大至数百吨;壁厚可从 0.5 mm 至 1 m 多;长度可由几毫米至十几米;所用材料可以是铸铁、铸钢(碳钢、合金钢)及有色金属(铝、铜、镁、锌、钛及其合金等)。

(3)所用的大部分原材料来源广、价格低,而且铸件的形状和尺寸与零件非常接近,因而节约金属,减少了后续加工费用。铸造生产中产生的金属废料、铸件废品以及各种外来废钢和金属切屑等,均可回炉重熔加以利用。

(4)铸造生产既能适应单件小批生产,也能适应成批大量生产。

由于铸造生产工艺的特点是液态成形,因此存在一些不足。如用同样金属材料制造的铸件,其力学性能不如锻件;铸造工序繁多,且难以精确控制,故铸件质量有时会不够稳定,铸件在浇注、凝固和固态冷却过程中常常会产生一些缺陷,如晶粒粗大、缩孔、气孔、夹渣,或是劳动条件较差等。随着相关科学技术的发展,这些问题正在逐步得到解决。

铸造是一门古老而年轻的学科,我国古代劳动人民在铸造方面的成就是辉煌的。根据文献记载和实物考察,证明我国铸造生产技术至少有四千年以上的悠久历史,大致可以划分为两个大的发展阶段。第一个发展阶段——前两千年是以青铜铸造为主,发展冶铸技术,形成了灿烂的商周青铜文化,典型的代表文物有商代的司母戊大鼎、六十四件编钟、秦始皇陵出土的大型彩绘铜车马;第二个发展阶段——后两千年是以铸铁生产为主,推动了铸造技术的发展,典型的代表文物有西汉铁镢的球状石墨组织、沧县五代铁狮、山西阳城梨镜、当阳北宋铁塔、明朝永乐大钟等。

在现代工业生产中,铸造方法占有极其重要的地位,为农业、工业、国防、交通和科学研究提供大量必需的机械和设备。例如,汽车、拖拉机、精密机床、精密仪表、飞机、船舶、重型机械等行业大量应用到铸造技术和工艺方法。据统计,在机床、内燃机、重型机器制造中,铸件占总质量的70% ~90%,风机、压气机中占总质量的60% ~80%,拖拉机中占总质量的

50% ~70%,农业机械中占总质量的 40% ~70%,汽车中占总质量的 20% ~30%。

铸造方法种类繁多,虽然各具特点,但其本质是相同的,即为了获得铸件或铸锭,首先必须熔配出符合化学成分要求的液态金属,然后使其在铸型中凝固、冷却,形成铸件。因此,铸件形成过程对能否获得健全铸件以及铸件的使用性能关系极大。

一般来讲,在金属制品中,除了粉末冶金法、电铸法和 3D 打印技术制成的特殊金属制品外,几乎所有的金属制品都必须经过一次金属熔炼(或熔配)和金属的凝固过程。因此,铸件的性能以及铸锭经过塑性加工制成的棒材、板材、线材和各种型材的性能,无疑都受铸件或铸锭最初凝固组织的决定性的影响。

近年来,随着科学技术和生产的发展,铸造生产得到长足的发展,表现为铸造合金、铸造工艺和检测手段等有了极大的进步。新材料、新工艺、新技术、新设备的采用,尤其是计算机技术的应用,正迅速地改变着铸造生产的面貌。例如,利用计算机辅助生产工艺设计分析铸造方法、优化铸造工艺、估算铸造成本、确定设计方案并绘制铸造工艺图等,将计算机的快速性、准确性与设计人员的思维、综合分析能力结合起来,从而极大地提高了产品的设计质量和速度,使铸件的质量和性能有了显著的提高,铸造的应用范围也日益扩大。

1.1　铸件形成理论基础

铸件形成过程就是液态金属充填铸型,并在铸型中冷却,产生一系列结构和性质的变化过程。因此,铸造过程中合金的行为表现所体现的铸造性能,对获得优质铸件至关重要。合金的铸造性能,是指在一定的铸造工艺条件下某种合金获得优质铸件的能力,即在铸造生产中呈现出的工艺性能,如充型能力、收缩性、偏析倾向性、氧化性和吸气性等。了解常用合金的铸造性能,是合理设计铸件结构和正确进行铸造工艺设计的重要条件。

1.1.1　液态金属的充型能力

1. 液态金属的特性

铸造生产中熔化得到的液态金属在熔点以上过热不高(高于熔点 100 ~300 ℃)。在整个固 – 液 – 气三态中,这种温度的液态靠近于固态而远离气态。

实验表明,金属的熔化是从晶界开始的,是原子间结合的局部破坏。熔化后得到的液态金属是由许多近程有序排列的"游动的原子集团"所组成的,在集团内可看作空位等缺陷较多的固体,其中原子的排列和结合与原有的固体相似,但是存在很大的能量起伏和剧烈的热运动。原子集团有大有小,原子集团间存在空穴。温度越高,原子集团越小,游动越快。因此,液态较固态在物理性质上有一个很大特点,即液体具有很好的流动性,只要在重力场的作用下,其外形就能随容器而变化。

2. 液态金属充型能力及其对铸件质量的影响

熔化金属填充铸型的过程,简称充型。熔融金属充满铸型,获得形状完整、尺寸精确、轮廓清晰铸件的能力,称为液态金属的充型能力。

熔融金属充型过程是铸件形成的第一个阶段。其间存在着液态金属的流动及其与铸型之间的热交换等一系列物理、化学变化，并伴随着合金的结晶现象，以及型腔中气体的反压力有碍液态金属的顺利填满。因此，充型能力首先取决于液态金属本身的流动能力，即流动性，同时又受外界条件影响，如铸型性质、浇注条件、铸件结构等因素的影响。

液态金属的充型能力越强，越容易获得薄壁而复杂的铸件，越容易获得轮廓清晰的铸件，避免浇不足、冷隔等缺陷；越有利于金属液中气体和非金属夹杂物的上浮、排出，减少气孔、夹渣等缺陷；越能提高补缩能力，减小产生缩孔、缩松的倾向性，以及铸件在凝固末期受阻而出现的热裂得到液态金属的充填而弥合，因此，有利于防止这些缺陷的产生。

3. 影响液态金属的充型能力的因素

(1) 液态金属的流动性

熔融金属的流动能力称为流动性。它是液态金属固有的属性，仅与合金种类、化学成分、结晶特点、杂质含量以及其他物理性质有关。如黏度越小，热容量越大；热导率越小，结晶潜热越大；表面张力越小，流动性越好。

为了比较不同金属的流动性，常用浇注标准螺旋线试样的方法进行测定，如图1-1所示。在相同的铸型(一般采用砂型)和浇注条件(如相同的浇注温度或相同的过热温度)下获得的流动性试样长度，即可代表被测金属的流动性。

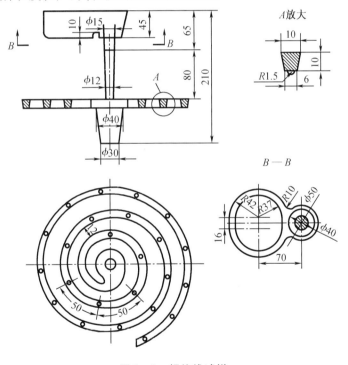

图1-1　螺旋线试样

决定金属流动性的因素主要有：

① 合金的种类

金属的流动性与合金的熔点、热导率、合金液的黏度等物理性能有关。铸钢熔点比灰铸铁的高，在铸型中散热快、凝固快，因此，流动性相对于铸铁的差。常用铸造合金的流动性数据如表1-1所示，其中灰铸铁、硅黄铜最好，铸钢最差。

表 1 - 1　常用合金流动性

合金种类		铸型	浇注温度/℃	螺旋线试样长度/mm
铸钢	$w(C)=0.4\%$	砂型	1 600	100
			1 640	200
灰铸铁	$w(C,Si)=6.2\%$	砂型	1 300	1 800
	$w(C,Si)=5.9\%$		1 300	1 300
	$w(C,Si)=5.2\%$		1 300	1 000
	$w(C,Si)=4.2\%$		1 300	600
锡青铜	$w(Sn)=9\%\sim11\%$	砂型	1 040	420
	$w(Zn)=2\%\sim4\%$		1 040	420
硅黄铜	$w(Si)=1.5\%\sim4.5\%$	砂型	1 100	1 100

对于同一种合金,也可以用流动性试样来考察各种铸造工艺因素的变动对其充型能力的影响。

所得的流动性试样长度是液态金属从浇注开始至停止流动时的时间与流动速度的乘积。所以凡是对以上两个因子有影响的因素都将对流动性(或充型能力)产生影响。

②合金的成分

同种合金中,成分不同的铸造合金具有不同的结晶特点,对流动性的影响就不同。图 1 - 2 为铅锡合金的流动性与化学成分的关系曲线。纯金属和共晶合金是在恒温下进行结晶的,结晶时从表面向中心逐层凝固。凝固层的表面比较光滑,对尚未凝固的合金的流动阻力小,因此流动性好。特别是共晶合金的熔点最低,因而流动性最好(图 1 - 3(a));除共晶合金和纯金属以外,其他成分合金的结晶是在一定温度范围内进行的,铸件截面中存在液、固并存的两相区,先产生的树枝状晶体对后续金属液的流动阻力较大,故流动性有所下降(图 1 - 3(b))。

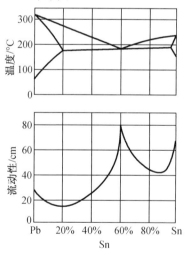

图 1 - 2　流动性和成分的关系

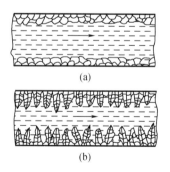

图 1 - 3　结晶特点对流动性的影响示意图

(a)共晶成分合金;(b)非共晶成分合金

③杂质与含气量

熔融合金中出现的固态夹杂物,将使液体合金的黏度增大,导致合金的流动性下降。如灰铁中锰和硫,多以 MnS(熔点 1 650 ℃)的形式悬浮在铁液中,阻碍铁液的流动,使流动性下降。熔融合金中的含气量越低,合金的流动性越好。

(2)铸型的条件

熔融合金充型时,铸型的阻力及铸型对合金的冷却作用,都将降低合金的充型能力。

①铸型的蓄热能力。表示铸型从熔融的合金中吸取并存储热量的能力。铸型材料的热导率、比热容和密度越大,其蓄热能力越强,对合金液体的激冷能力就越强,合金液体保持流动的时间就越短,充型能力就越差。例如,金属型铸造比砂型铸造更容易产生浇不足、冷隔等缺陷。

②铸型温度。预热铸型能减小它与合金液体之间的温差,降低换热强度,减缓了合金的冷却速度,延长了合金在铸型中的流动时间,从而提高合金液体的充型能力。例如,在金属型铸造铝合金铸件时,将铸型温度由 340 ℃提高到 520 ℃,在相同的 760 ℃浇注温度下,螺旋线试样长度由 525 mm 增至 950 mm。因此,预热铸型是金属型铸造中必须采取的工艺措施之一。

③铸型中的气体。浇注时因熔融的合金在型腔中的热作用而产生大量气体。若铸型中有一定的发气量,能在合金液体与铸型之间形成气膜,则可以减小流动阻力,有利于充型。但若发气量过大,铸型排气不畅,在型腔内产生气体的反压力,则会阻碍合金液体的流动。因此,为提高型(芯)砂的透气性,在铸型上开设通气孔是十分必要且经常应用的工艺措施。

(3)浇注条件

①浇注温度。浇注温度对金属液的充型能力有决定性的影响。浇注温度提高,液态合金所含的热量增多,在同样的冷却条件下,保持液态的时间长,可使合金液的黏度下降,则保持流动的时间增长,故充型能力增强;反之,充型能力就会下降。对于薄壁铸件或流动性差的合金,利用提高浇注温度以改善充型能力的措施,在生产中经常采用也比较方便。但是,随着浇注温度的提高,合金的吸气、氧化现象严重,总收缩量增加,反而易产生气孔、缩孔、粘砂等缺陷,铸件结晶组织也变得粗大。因此,原则上说,在保证足够流动性的前提下,应尽可能降低浇注温度。

②充型压力。熔融的合金在流动方向上所受的压力越大,则流速越大,充型能力就越好。砂型铸造时,充型压力是由直浇道的静压力产生的。因此,常采用增加直浇道的高度或人工加压的方法(如压力铸造、低压铸造、离心铸造等)来提高液态合金的充型能力。

(4)铸件结构

当铸件的壁厚过小,壁厚急剧变化,结构复杂,或有较大的水平面时,会使合金液充型困难。因此,设计铸件结构时,铸件的形状应尽量简单,铸件的壁厚必须大于规定的最小允许壁厚值;有的铸件则需要设计流动通道;有的在大平面上设置肋条。这不仅有利于合金液的顺利充型,也可防止夹砂、变形等缺陷的产生。

1.1.2　铸件的凝固方式及其影响因素

1. 铸件的凝固方式

金属由液态转变为固态的过程称为凝固。

铸件的凝固通常是铸件断面上由外向内进行的,在凝固过程中,除纯金属和共晶成分合金外,断面上一般存在三个区域,即固相区、凝固区和液相区。其中,对铸件质量影响较大的主要是液相和固相并存的凝固区的宽窄。铸件的"凝固方式"依据凝固区的宽窄(见图1-4(b)中S)来划分,有如下三类。

(1)逐层凝固

纯金属或共晶成分合金(例如图1-4中的a成分)在凝固过程中不存在液、固相并存的凝固区(图1-4(a)),故断面上外层的固体和内层的液体由一条界线(凝固前沿)清楚地分开。随着温度的下降,固体层不断加厚,液体层不断变薄,凝固前沿不断向中心推进,直至中心。这种凝固方式称为逐层凝固。

(2)糊状凝固

如果合金的结晶温度范围很宽(例如图1-4中的c成分),并且铸件内的温度分布曲线(图1-4中的t曲线)较为平坦,则在凝固的某段时间内,铸件表面并不存在固体层,而液、固相并存的凝固区贯穿整个断面(图1-4(c)),即先呈糊状而后固化,因此,称为糊状凝固。

(3)中间凝固

大多数合金(例如图1-4中的b成分)的凝固方式介于上述两者之间(图1-4(b)),称为中间凝固。

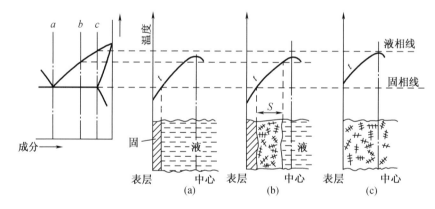

图 1-4　铸件的凝固方式
(a)逐层凝固;(b)中间凝固;(c)糊状凝固

2. 影响铸件凝固方式的主要因素

铸件的质量与其凝固方式密切相关。一般来说,逐层凝固有利于合金的充型和补缩,便于防止缩孔和缩松;糊状凝固时,难以获得组织致密的铸件。

(1)合金的结晶温度范围

合金的结晶温度范围越小,凝固区域越窄,越倾向于逐层凝固。例如,砂型铸造时,低碳钢为逐层凝固;高碳钢因结晶温度范围甚宽,为糊状凝固。

(2)铸件断面的温度梯度

在合金结晶温度范围已定的前提下,凝固区域的宽窄取决于铸件断面的温度梯度,如图1-5所示。若铸件的温度梯度由小变大(图1-5中$T_1 \rightarrow T_2$),则其对应的凝固区由宽变窄(图1-5中$S_1 \rightarrow S_2$)。铸件的温度梯度主要取决于:

① 合金的性质。合金的凝固温度越低、导温系数越大、结晶潜热越大,铸件内部温度均匀化能力就越大,温度梯度就越小(如多数铝合金)。

② 铸型的蓄热能力。铸型蓄热系数越大,对铸件的激冷能力就越强,铸件温度梯度就越大。

③ 浇注温度。浇注温度越高,因带入铸型中热量增多,铸件的温度梯度就越小。

④ 铸件的壁厚。铸件壁厚越大,温度梯度就越小。

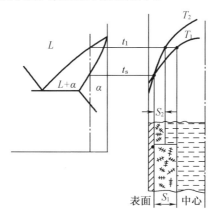

图1-5 温度梯度对凝固区域的影响

综上所述,倾向于逐层凝固的合金,例如灰铸铁、铝硅合金等,便于铸造,应尽量选用;倾向于糊状凝固的合金,例如锡青铜、铝铜合金、球墨铸铁等,铸造质量不易保证,当必须选用这些合金时,应该采取适当的工艺措施,以减小其凝固区域,例如,选用金属型铸造,通过提高铸型的蓄热能力,增强对铸件的激冷能力,使得铸件温度梯度变大,缩小其凝固区间,从而获得组织致密的铸件。

1.1.3 铸件的收缩及其影响因素

铸件在凝固、冷却过程中所发生的体积减小现象称为收缩。收缩是铸造合金本身的物理性质,是铸件中许多缺陷(如缩孔、缩松、裂纹、变形、残余应力等)产生的基本原因。

1. 合金收缩的原理及过程

近于熔点的液态合金的结构是由原子集团和空穴组成的。原子集团内部的原子呈有序排列,但原子间距比固态时大。将液态合金浇入铸型后,温度不断下降,空穴减少,原子间距缩短,合金液的体积要减小。合金液凝固时,空穴消失,原子间距进一步缩短。凝固后继续冷却至室温的过程中,原子间距还要缩短。因此,合金由浇注温度冷却到室温的收缩经历了以下三个阶段,如图1-6所示。

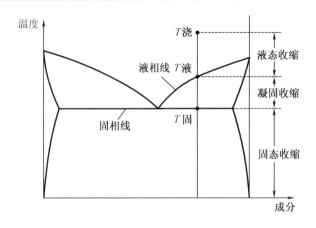

图1-6 合金收缩的三个阶段

(1)液态收缩

即从浇注温度到开始凝固的液相线温度之间,合金处于液态下的收缩。它使型腔内液面下降。

(2)凝固收缩

即从凝固开始温度到凝固终了温度之间,合金处于凝固过程的收缩。在一般情况下,凝固收缩仍主要表现为液面的下降。

(3)固态收缩

即从凝固终了温度至室温之间,合金处于固态下的收缩。此阶段的收缩表现为铸件线性尺寸的减小。

合金的液态收缩和凝固收缩是铸件产生缩孔、缩松的主要原因;而固态收缩是铸件产生铸造应力、变形、裂纹的根本原因,并直接影响铸件的尺寸精度。

合金从液态到室温的体积改变量称为体收缩,以体收缩率(ε_V)表示;对于合金在固态时的收缩,常需要了解其三维尺寸的改变量,称为线收缩,常以线收缩率(ε_l)表示。体收缩率和线收缩率的表达式为

$$\varepsilon_V = \frac{V_0 - V_1}{V_0} \times 100\% = \alpha_V(t_0 - t_1) \times 100\% \qquad (1-1)$$

$$\varepsilon_l = \frac{l_0 - l_1}{l_0} \times 100\% = \alpha_l(t_0 - t_1) \times 100\% \qquad (1-2)$$

式中　V_0, V_1——合金在温度 t_0, t_1 时的体积;

　　　l_0, l_1——合金在温度 t_0, t_1 时的长度;

　　　α_V, α_l——合金在 t_0 至 t_1 温度范围内的体收缩系数和线收缩系数。

铸件的实际收缩率与其化学成分、浇注温度、铸件结构和铸型条件有关。

2. 影响合金收缩的主要因素

(1)合金的化学成分

不同种类的合金,其收缩率不同;同类合金中,化学成分不同,其收缩率也不同。在铁碳合金中,铸钢和白口铸铁的收缩率大,灰口铸铁的收缩率小。灰口铸铁收缩率小的原因

是其凝固过程中碳大部分是以石墨状态存在的,石墨的比容大,在结晶过程中石墨析出所产生的体积膨胀抵消了合金的部分收缩。表1-2所示为几种铁碳合金的体积收缩率。

表1-2　几种铁碳合金的体积收缩率

合金种类	碳的质量分数	浇注温度/℃	液态收缩率	凝固收缩率	固态收缩率	总体积收缩率
铸造碳钢	0.35%	1 610	1.6%	3%	7.8%	12.46%
白口铸铁	3.00%	1 400	2.4%	4.2%	5.4%~6.3%	12%~12.9%
灰口铸铁	3.50%	1 400	3.5%	0.1%	3.3%~4.2%	6.9%~7.8%

（2）浇注温度

浇注温度主要影响液态收缩。提高浇注温度,合金的液态收缩量增大。

（3）铸型条件和铸件结构

铸件的实际收缩与合金的自由收缩不同,它会受到铸型及型芯的阻碍。铸件的结构对收缩也有影响,如果铸件结构复杂及壁厚不均,冷却时各部分相互牵制也会阻碍收缩。

图1-7为不同结构铸件的收缩情况。由图可知,受阻特别大的线收缩率仅为自由收缩时的1/5,故在设计和制造模样时,不应直接采用合金的线收缩率,而应根据铸件收缩的受阻情况,采用实际的收缩率。

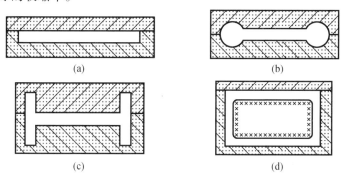

图1-7　不同结构铸件的收缩情况

(a)自由线收缩率为2.5%;(b)受阻较小的线收缩率为1.5%;
(c)受阻较大的线收缩率为1.0%;(d)受阻特别大的线收缩率为0.5%

3.铸件中的缩孔与缩松

铸型内的熔融合金在凝固过程中,如果合金的液态收缩和凝固收缩得不到液态合金的补充,就会在最后凝固的部位形成孔洞。容积大而集中的称为缩孔,细小而分散的称为缩松。

（1）缩孔的形成

趋向于逐层凝固方式结晶的合金,如纯金属、共晶合金和结晶温度范围窄的合金,易产生集中的缩孔。缩孔的形成如图1-8所示。将液态合金浇入圆柱形型腔中,由于铸型的冷却作用,液态合金的温度逐渐下降,其液态收缩不断进行,但是当内浇口未凝固时,型腔总是充满的(图1-8(a));随着温度的下降,铸件表面凝固成一层硬壳,同时内浇口封闭(图

1-8(b));进一步冷却时,硬壳内的液态金属继续液态收缩,并对形成硬壳时的凝固收缩进行补充,由于液态收缩和凝固收缩远大于硬壳的固态收缩,故液面下降并与壳顶脱离(图1-8(c));依此进行下去,硬壳不断加厚,液面不断下降,待金属全部凝固后,在铸件上部就形成一个倒锥形的缩孔(图1-8(d));在铸件继续冷却至室温时,其体积有所缩小,使缩孔体积也略有减小(图1-8(e))。如果在铸件顶部设置冒口,则缩孔将移到冒口中(图1-8(f))。

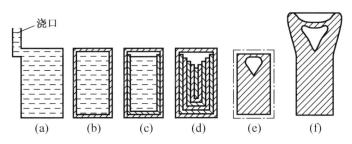

图1-8　缩孔形成过程示意图

缩孔一般出现在铸件最后凝固的区域,如铸件的上部或中心处、铸件上壁厚较大及内浇口附近等处。

(2)缩松的形成

缩松的形成也是由于铸件最后凝固区域的收缩未能得到补足;或者因合金呈糊状凝固,被树枝状晶体分隔开的液体小区得不到补缩所致,如图1-9所示。在凝固后的枝晶分叉间就形成许多微小的孔洞。

缩松分为宏观缩松和显微缩松两种。宏观缩松是用肉眼或放大镜可以看见的小孔洞,多分布在铸件中心轴线处或缩孔下方(图1-10)。显微缩松是分布在晶粒之间的微小孔洞,要用显微镜才能看见(图1-11)。这种缩松分布更为广泛,有时遍及整个截面。显微缩松难以完全避免,对于一般铸件多不作为缺陷对待;但对气密性、力学性能、物理性能或化学性能要求很高的铸件,则必须设法减少。

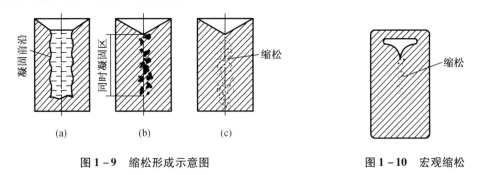

图1-9　缩松形成示意图　　　　　图1-10　宏观缩松

不同的铸造合金形成缩孔和缩松的倾向不同。逐层凝固合金(纯金属、共晶合金或窄结晶温度范围合金)的缩孔倾向大,缩松倾向小;糊状凝固的合金缩孔倾向虽小,但极易产生缩松。由于采用一些工艺措施可以控制铸件的凝固方式,因此,缩孔和缩松可在一定范围内互相转化。

（3）缩孔和缩松位置的确定

为了防止缩孔和缩松的产生,必须在制定铸造工艺方案时正确判断它们在铸件中的位置,以便采取必要的工艺措施。

确定缩孔和缩松位置一般采用等温线法或内接圆法。

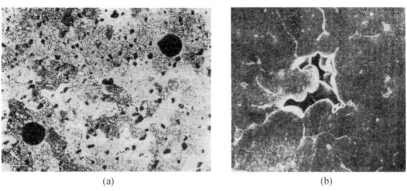

(a)　　　　　　　　　　(b)

图 1 - 11　Ai - 4.5% Cu 合金中的显微缩松

（a）含气量高时出现的显微缩松和球形孔洞 ×30;（b）枝晶间的显微缩松 ×350

①等温线法

此法是根据铸件各部分的散热情况,把同时到达凝固温度的各点连接成等温线,逐层向内绘制,直到最窄的截面上的等温线相互接触为止。这样,就可以确定铸件最后凝固的部位,即缩孔或缩松的位置。图 1 - 12(a)所示为用等温线法确定的缩孔位置,图 1 - 12(b)所示为铸件上缩孔的实际位置,两者基本上是一致的。

②内接圆法

此法常用来确定铸件上相交壁处的缩孔位置,如图 1 - 13(a)所示。在内接圆直径最大的部分(称为"热节"),有较多的金属积聚,往往最后凝固,容易产生缩孔或缩松(图 1 - 13(b))。

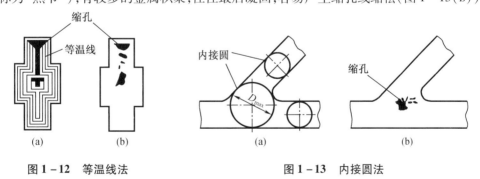

(a)　　(b)　　　　　　　　(a)　　　　　　(b)

图 1 - 12　等温线法　　　　　　**图 1 - 13　内接圆法**

（4）缩孔和缩松的防止

缩孔和缩松会减小铸件的有效承载面积,并在该处造成应力集中,从而降低力学性能。对于要求气密性的零件,缩孔、缩松还会造成渗漏而严重影响其气密性,所以缩孔和缩松是危害很大的铸造缺陷之一。

①采取"顺序凝固"的原则

"顺序凝固"原则是指利用各种工艺措施,使铸件从远离冒口的部分到冒口之间建立一个递增的温度梯度(图1-14),凝固从远离冒口的部分开始,逐渐向冒口方向顺序进行,最后是冒口本身凝固。这样就能实现良好的补缩,使缩孔移至冒口,冒口为铸件的多余部分,在铸件清理时切除,从而获得致密的铸件。

冒口应该安放在铸件最厚和最高处,其尺寸要足够大。有条件时,应将内浇道开设在冒口上,使充型的熔融合金液首先流经冒口。

冒口、冷铁和补贴等工艺方法的综合运用是消除缩孔、缩松的有效措施。可在铸件一些局部厚大的部位上安放冷铁,加快该处的冷却,以便充分发挥冒口的补缩作用(图1-15)。

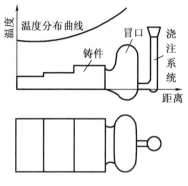

图1-14　铸件的顺序凝固示意图

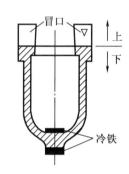

图1-15　冷铁的作用

顺序凝固的缺点是铸件各部分温差较大,引起的热应力较大,铸件易变形、开裂。另外,因为设置冒口,增加了合金的消耗和清理费用。顺序凝固一般用于收缩率大、凝固温度范围窄的合金(如铸钢、可锻铸铁、黄铜等),以及壁厚差别大、对气密性要求高的铸件。

②加压补缩

将铸型置于压力室中,浇注后,迅速关闭压力室,使铸件在压力下凝固,可以消除缩松或缩孔。此法又称为"压力釜铸造"。在压力下凝固,可以增强补缩能力,有利于厚大铸件及铸件厚大部位的致密度的提高。

③用浸渗技术防止铸件因缩孔、缩松而发生的渗漏

将呈胶状的浸渗剂渗入铸件的孔隙,然后使浸渗剂硬化并与铸件孔隙内壁连成一体,从而达到堵漏的目的。

1.1.4　铸造应力、变形和裂纹

1.铸造应力的形成

铸造应力是指合金在凝固和冷却过程中体积变化受到外界或其本身的制约,变形受阻而产生的应力。铸造应力可能是暂时性的,若引起应力的原因消除后应力随之消失,这种应力称为临时应力;若引起应力的原因消除后应力不消失,则称为残余应力。铸造应力按产生的原因不同,主要分为热应力、机械应力和相变应力三种。

(1)热应力

由于铸件各部分冷却速度不同,以致在同一时期内收缩不一致,而且各部分之间存在约束作用,从而产生的内应力称为热应力。铸件冷却至室温后,这种热应力依然存在,故又称为残余应力。

现以壁厚不均匀的框形铸钢件为例,分析热应力的形成过程,如图 1-16 所示。它由一根粗杆 I 和两根细杆 II 组成,图 1-16 上部表示杆 I 和杆 II 的冷却曲线,$t_{临}$ 为从塑性状态转变为弹性状态的温度,对于铸钢 $t_{临}=620 \sim 650 \ ℃$。当铸件处于高温阶段时,($T_0 \sim T_1$),两杆均处于塑性状态。尽管杆 I 和杆 II 的冷却速度不同,收缩不一致,但两杆都是塑性变形,不产生内应力(图 1-16(a))。继续冷却到 $T_1 \sim T_2$,此时杆 II 温度较低,已进入弹性状态,但杆 I 仍处于塑性状态。杆 II 由于冷却快,收缩大于杆 I,在横杆的作用下将对杆 I 产生压应力,而杆 I 反过来对杆 II 产生拉应力(图 1-16(b))。处于塑性状态的杆 I 受压应力作用产生压缩塑性变形,使杆 I 和杆 II 的收缩趋于一致,也不产生应力(图 1-16(c))。进一步冷却到 $T_2 \sim T_3$,此时杆 I 和杆 II 均进入弹性状态,此时杆 I 温度较高,冷却时还将产生较大收缩,杆 II 温度较低,收缩已趋停止,在最后阶段冷却时,杆 I 的收缩将受到杆 II 的强烈阻碍,因此杆 I 受拉,杆 II 受压,到室温时形成残余应力(图 1-16(d))。由上述可知,只有当铸件的各部分均进入弹性状态时才会产生热应力。

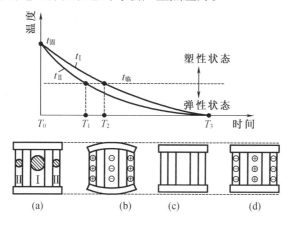

图 1-16 热应力形成过程示意图
⊕—拉应力;⊖—压应力

热应力的分布规律为:厚壁部分或心部为拉应力,薄壁部分或表层为压应力。铸件的壁厚差别越大(或壁厚越大),冷却速度越大,合金的线收缩系数越大,弹性模量越大,产生的热应力也越大。

(2)机械应力

这种应力是由于铸件的收缩受到机械阻碍而产生的,是暂时性的。只要机械阻碍一经消除,应力也随之消失。机械应力一般都是拉应力。形成机械阻碍的原因多为型(芯)砂的高温强度高,退让性差,以及砂箱箱带、芯骨的阻碍等。图 1-17 是套筒收缩受阻的情况,经落砂、清理后,应力即可消除。

(3)相变应力

合金在弹性状态下发生相变会引起体积变化。若铸件各部分冷却速度不同,相变不同时进行,且相变的程度也不同,则由此而产生的应力称为相变应力。

铸造应力是热应力、机械应力和相变应力三者的代数和。根据情况不同,三种应力有时相互叠加,有时相互抵消。铸造应力的存在会带来一系列不良影响,诸如使铸件产生变形、裂纹,降低承载能力和影响加工精度等。

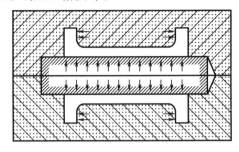

图 1－17　套筒铸件收缩受到机械阻碍

2. 减小和消除铸造应力的方法

(1)使铸件按"同时凝固"原则进行凝固,如图 1－18 所示。即将内浇道开设在铸件的薄壁处,在厚壁部位安放冷铁,使铸件各部分温差很小,同时进行凝固,由此热应力可减小到最低限度。但缺点是,此时铸件中心区域往往出现缩松,组织不够致密。

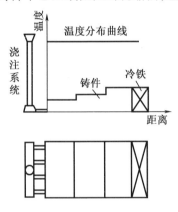

图 1－18　铸件的同时凝固示意图

(2)提高铸型和型芯的退让性,及早落砂、打箱以消除机械阻碍,将铸件放入保温坑中缓冷等,都可减小铸造应力。

(3)在铸件结构设计方面,应尽量做到结构简单,壁厚均匀,薄、厚壁之间逐渐过渡,以减小各部分的温差,并使各部分能比较自由地进行收缩。

(4)在满足零件的使用性能要求前提下,尽量选用线收缩率小、弹性模量小的合金材料。

(5)铸件产生热应力后,可用自然时效、人工时效、振动时效等方法消除。

3. 变形和裂纹

(1)变形

带有铸造应力的铸件处于不稳定状态,它会自发地通过变形使应力减小而趋于稳定状态。显然,只有受拉应力的部分缩短,受压应力的部分伸长,铸件中的应力才有可能减小或消除。

对于厚薄不均匀、截面不对称及具有细长特点的杆类、板类及轮类等铸件,当残余铸造应力超过铸件材料的屈服强度时,往往产生翘曲变形。通常,薄壁或外层部位冷却速度快,存在压应力,如果铸件刚度不够,应力释放后往往会引起伸长或外凸变形;反之,厚壁或内层部位冷却速度慢,存在拉应力,会导致压缩或内凹变形。

前述框形铸件,如果连接两杆的横梁刚度不够,结果会出现如图 1-19 所示的翘曲变形。图 1-20 所示 T 形梁铸件,当板Ⅰ厚、板Ⅱ薄时,若铸件刚度不够,将发生板Ⅰ内凹、板Ⅱ外凸的变形;反之,当板Ⅰ薄、板Ⅱ厚时,将发生反向翘曲。

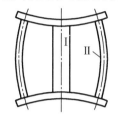

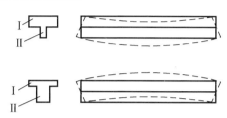

图 1-19　框形铸件变形示意图　　　　图 1-20　T 形梁铸件变形示意图

防止铸件变形的根本措施是减少铸造内应力,例如,设计时,铸件壁厚要力求均匀;制定铸造工艺时,尽量使铸件各部分同时冷却,增加型(芯)砂的退让性等。

在制造模样时,可以采用反变形法,即预先将模样做成与铸件变形相反的形状,以补偿铸件的变形。如图 1-21 所示的机床床身,由于导轨较厚,侧壁较薄,铸造后产生挠曲变形。若将模样作出用双点画线表示的反挠度,铸造后会使导轨变得平直。

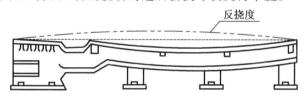

图 1-21　机床床身的挠曲变形和反挠度

变形使铸造应力重新分布,残余应力会减小一些,但不会完全消除。机械加工后,零件内的应力失去平衡而引起再次变形(图 1-22)甚至裂纹,会使加工精度受到影响。因此,对于重要的铸件,机械加工之前应进行去应力退火。

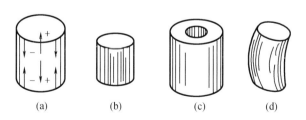

图 1-22　圆柱体铸件变形示意图

(a)圆柱体铸件(心部受拉应力、表层受压应力);(b)当外表面被加工掉一层后,铸件变短;
(c)当心部钻孔后,铸件变长;(d)从侧面切去一层后,铸件产生弯曲变形

(2)裂纹

当铸造应力超过当时材料的强度极限时,铸件会产生裂纹。裂纹可分为热裂和冷裂

两种。

热裂是在高温下形成的,是铸钢件、可锻铸铁坯件和某些轻合金铸件生产中最常见的铸造缺陷之一。其特征是:裂纹形状曲折而不规则,裂口表面呈氧化色(铸钢件裂口表面近似黑色,而铝合金则呈暗灰色),裂纹沿晶粒边界通过。热裂纹常出现于铸件内部最后凝固的部位或铸件表面易产生应力集中的地方。

冷裂是在低温下形成的。塑性差、脆性大、热导率小的合金,如白口铸铁、高碳钢和一些合金钢易产生冷裂。其特征是:裂纹形状为连续直线状或圆滑曲线状,常常是通过晶粒的;裂口表面干净,有金属的光泽或呈轻微的氧化色。冷裂常出现在铸件受拉伸的部位,特别是应力集中的部位,如内尖角处、缩孔和非金属夹杂物附近。

凡是减小铸造应力或降低合金脆性的因素(如减少钢铁中有害元素硫、磷的含量等)均对防止裂纹有积极影响。

1.1.5　合金的偏析

各种合金铸造时,要获得化学成分完全均匀的铸件或铸锭是十分困难的。在铸件或铸锭中出现化学成分不均匀的现象称为偏析。偏析现象的产生,主要是由于合金在结晶过程溶质再分配的结果。晶体在成长过程中,由于结晶速度大于溶质的扩散速度,使得初次析出的固相与液相的浓度不同,先析出的晶体与后析出的晶体的化学成分也不同,甚至同一个晶粒内先结晶出来的部分和后结晶出来的部分也有差异,这样便形成了铸件或铸锭各部分化学成分的不均匀性。偏析使铸件或铸锭的性能不均匀,严重时会造成废品。

偏析分为微观偏析和宏观偏析两大类。前者又称短程偏析,是指微小范围内的化学成分不均匀性,一般在一个或几个晶粒尺寸范围内。后者又称长程偏析或区域偏析,其化学成分不均匀现象表现在较大的尺寸范围。

晶内偏析又称枝晶偏析,是指晶粒内各部分化学成分不均匀的现象,是微观偏析的一种。凡是形成固溶体的合金在结晶过程中,只有在非常缓慢的冷却条件下,使原子充分扩散,才能获得化学成分均匀的晶粒。在实际铸造条件下,合金的凝固速度较快,原子来不及充分扩散,这样按树枝状方式长大的晶粒内部,其化学成分必然不均匀。为消除晶内偏析,可把铸件重新加热到高温,并经长时间保温,使原子充分扩散。这种热处理方法称为扩散退火。晶界偏析是指晶粒交界面(晶界)上存在溶质聚集的现象。胞状偏析是指胞晶间与胞晶心部化学成分上的差异。

密度偏析(旧称比重偏析)是指铸件或铸锭的上、下部分化学成分不均匀的现象,是宏观偏析的一种。当组成合金元素的密度相差悬殊时,待铸件或铸锭完全凝固后,密度小的元素大都集中在上部,密度大的元素则较多地集中在下部。为防止密度偏析,在浇注时应充分搅拌或加速金属液冷却,使不同密度的元素来不及分离。

1.1.6　合金的吸气性

合金在熔炼和浇注时吸收气体的性能称为合金的吸气性。

合金的吸气性随温度升高而加大。气体在合金液中的溶解度较在固体中大得多。合金的过热度越高,气体的含量越高。气体在铸件中的存在有三种形态:固溶体、化合物和气孔。

若气体以原子状态溶解于金属中,则以固溶体形态存在。若气体与金属中某元素之间的亲和力大于气体本身所具有的亲和力,则气体就与该元素形成化合物。金属中的气体含量超过其溶解度,或侵入的气体不被溶解,则以分子状态(即气泡形式)存在于金属液中,若凝固前气泡来不及排除,铸件将产生气孔。

气孔在铸件内形成的空洞,表面常常比较光滑、光亮或略带氧化色,一般呈梨形、圆形和椭圆形等,是铸造生产中常见的缺陷之一。气孔破坏合金的连续性,减少承载的有效面积,并在气孔附近引起应力集中,因而降低了铸件的力学性能,特别是冲击韧度和疲劳强度显著降低。成弥散状的气孔还可促使显微缩松的形成,降低铸件的气密性。

1. 铸件中的气孔

按产生原因和气体来源的不同,可将气孔分为以下三类。

(1)析出性气孔

溶解于合金液中的气体在冷却和凝固过程中,因气体溶解度下降而析出,来不及排除,铸件因此而形成的气孔,称为析出性气孔。

析出性气孔在铝合金中最为常见,其直径多小于 1 mm。它不仅影响合金的力学性能,而且严重影响铸件的气密性。

(2)侵入性气孔

侵入性气孔是由于浇注过程中液态金属和铸型之间的热作用,使砂型表面层聚集的气体侵入合金液中而形成的气孔。

(3)反应性气孔

浇入铸型中的合金液与铸型材料、芯撑、冷铁所含水分、锈蚀、油污等或熔渣之间发生化学反应而产生气体,从而使铸件内部形成的气孔,称为反应性气孔。

反应性气孔种类甚多,形状各异。如合金液与砂型界面因化学反应生成的气孔,多分布在铸件表层下 1～2 mm 处,表面经过加工或清理后,就暴露出许多小孔,所以称皮下气孔。

2. 预防气孔的措施

(1)降低型砂(芯砂)的发气量,增加铸型的排气能力。

(2)控制合金液的温度,减少不必要的过热度,减少合金液的原始含气量。

(3)加压冷凝,防止气体析出。因为压力的改变直接影响到气体的析出。例如液态铝合金放在 405 kPa～608 kPa(4～6 个大气压)的压力室内结晶,就可以得到无气孔的铸件。

(4)熔炼和浇注时,设法减少合金液与气体接触的机会。如在合金液表面加覆盖剂保护或采用真空熔炼技术。

(5)对合金液进行去气处理。如向铝合金液中通入氯气,当不溶解的氯气泡上浮时,溶入铝合金液中的氢原子不断向氯气泡中扩散而被带出合金液。

(6)冷铁、芯撑等表面不得有锈蚀、油污,并应保持干燥等。

1.2 常用合金的铸造性能

1.2.1 铸铁件

1. 灰口铸铁(HT)

普通灰口铸铁中碳的质量分数接近共晶成分,熔点较低(与钢相比),凝固温度范围小,具有良好的流动性,可以浇注形状复杂和壁厚较小的铸件。其断面呈暗灰色,其中的碳主要以片状石墨的形式分布于基体中。石墨的存在形态是决定铸铁组织和性能的关键。

由于灰口铸铁结晶时伴有石墨化,石墨析出时体积发生膨胀而抵消了部分收缩,因此灰口铸铁的线收缩较少,一般为0.9%~1.3%,铸件的缩孔、缩松、浇不足、热裂、气孔等倾向都较小,碳含量愈接近共晶点,灰铸铁的铸造性能愈好,一般不需补缩冒口和冷铁,铸造工艺较为简单,通常采用"同时凝固"原则。

灰口铸铁件铸后一般不需进行热处理,对于精度要求较高的,则需进行时效处理,以消除内应力,预防变形。

为了提高灰口铸铁的机械性能,生产中常进行孕育处理。牌号为HT250及其以上的高强度灰口铸铁又称孕育铸铁。铁液经孕育处理后,获得的亚共晶灰口铸铁,其组织特点是珠光体基体上均匀分布着细小石墨片,强度和硬度明显高于普通灰口铸铁,如抗拉强度 σ_b 为250 MPa~400 MPa,硬度HBS为170~270,但塑性和韧性仍比较差。孕育处理的目的在于促进石墨化,降低白口倾向,适当提高共晶团数,使石墨片的尺寸及分布状况得到改善,降低壁厚敏感性。

2. 球墨铸铁(QT)

实践证明,要想有效地提高铸铁的机械性能,特别是提高塑性和韧性,必须改变石墨的形状。向铁水中加入球化剂和孕育剂而得到的球状石墨的铸铁,满足上述期望。

球墨铸铁的基体组织通常有铁素体、铁素体-珠光体和珠光体三种。经合金化和热处理,也可以获得下贝氏体、马氏体、索氏体和奥氏体等基体组织。球化处理的目的是使石墨结晶时呈球状析出。常用的球化剂主要是稀土镁合金。其加入量为铁液质量的1.0%~1.6%,视铁液的含硫量而有所不同。由于镁及稀土元素都是强烈阻碍石墨化的元素,因此球化处理的同时必须加入一定量的孕育剂以促进石墨化,防止白口倾向。加入孕育剂还可使石墨球圆整、细小,并增加共晶团数量,改善球墨铸铁的力学性能。

与灰口铸铁相比,首先,球墨铸铁的流动性较差。这是因为球化和孕育处理使铁液温度大大下降,所以球墨铸铁要求较高的浇注温度及较大的浇注系统尺寸。其次,球墨铸铁结晶凝固范围比灰口铸铁宽,具有糊状凝固特征,因此收缩较大。凝固时,铸件形成硬外壳时间较晚,当砂型刚度小时,石墨的膨胀引起铸件外形胀大,结果原有的浇、冒口失去补缩作用,易产生缩孔、缩松。因此,球墨铸铁一般需用冒口和冷铁,采用"顺序凝固"原则。再次,容易出现夹渣(MgS,MgO)和皮下气孔。浇注系统一般采用半封闭式,以保证铁液迅速平稳地流入型腔,并多采用滤渣网、集渣包等结构加强挡渣措施。

3. 可锻铸铁(KT)

可锻铸铁又称玛钢或玛铁,亦称韧性铸铁,它是将白口铸铁经石墨化退火,使其基体中的渗碳体发生分解,形成团絮状的石墨而得到的一种铸铁。因为其石墨呈团絮状,大大减轻了对基体的割裂作用,与灰口铸铁相比,具有较高的抗拉强度,尤其是具有相当高的塑性与韧性,故可锻铸铁因此而得名,其实它并不能真的用于锻造。可锻铸铁已有 200 多年历史,在球墨铸铁问世以前,曾是力学性能最高的铸铁。

为获得可锻铸铁,首先必须获得 100% 的白口铸铁坯件。若坯料在退火前已存有片状石墨,则无法经退火出现团絮状石墨。因此,必须采用低碳、低硅的原铁液,可锻铸铁的碳硅量通常为 $w(C)=2.4\%\sim2.8\%$, $w(Si)=0.4\%\sim1.4\%$ 。可锻铸铁的生产过程比较复杂,退火周期长,能源消耗大,铸件成本较高。

可锻铸铁因碳、硅的含量较低(碳含量约为 2.5%),所以铁液流动性差,收缩大,容易产生缩孔、缩松和裂纹等缺陷。铸造时铁液的温度应较高($>1\ 360\ ℃$),铸型及型芯应有较好的退让性,并设置目口。

4. 蠕墨铸铁(RT)

蠕墨铸铁是用高碳低硫铁液经蠕化处理后得到的一种高强度铸铁。蠕墨铸铁的组织为金属基体上均匀分布着蠕虫状石墨。其处理工艺与球墨铸铁大致相同,不同的是以蠕化剂代替球化剂。蠕化剂一般采用稀土镁钛、稀土镁钙和稀土硅钙等合金。加入量为铁液质量的 $1\%\sim2\%$,加入方法也是采用冲入法,和球墨铸铁一样,也要进行孕育处理。

蠕墨铸铁的化学成分与球墨铸铁的要求基本相似,大致成分范围为 $w(C)=3.5\%\sim3.9\%$, $w(Si)=2.2\%\sim2.8\%$, $w(Mn)=0.4\%\sim0.8\%$, $w(P,S)<0.06\%\sim0.15\%$ 。

蠕墨铸铁的铸造性能与灰铸铁接近,缩孔、缩松倾向比球墨铸铁小,故铸造工艺比较简单。

1.2.2　铸钢件

铸钢的熔点高、流动性差、易氧化,吸气和收缩大,因此容易产生浇不足、缩孔、缩松、裂纹、气孔、夹渣、粘砂等缺陷。其铸造性能比铸铁差。

为了获得合格的铸钢件,铸钢所用型(芯)砂必须具有较高的耐火性、高强度、良好的透气性和退让性。原砂采用颗粒大而均匀的硅砂($w(SiO_2)>94\%$,熔点达 $1\ 710\ ℃$),大型铸件常用耐火性更好的人工破碎的硅砂。对于中、大型铸件一般采用干型或 CO_2 硬化水玻璃砂型,以降低铸型的发气量,提高铸型的强度,改善充型条件。为防止粘砂,型腔表面要涂以耐火度较高的石英粉或锆砂粉涂料。为了提高铸型强度、退让性,型砂中常加糖浆、木屑等,而且多用水玻璃快干型。

严格控制浇注温度(一般为 $1\ 500\sim1\ 650\ ℃$)。对于流动性差的低碳钢或结构复杂、壁薄的铸件应取上限,反之可取下限。

为了防止铸件产生缩孔、缩松,铸钢件大部分采用"顺序凝固"原则,冒口、冷铁应用较多。图 1-23 所示的大型铸钢齿轮,壁厚不均匀,在最厚的轮毂处以及轮缘与辐板连接处极易形成缩孔。为此在总体上实行由外(辐板)向内(轮毂)的顺序凝固,轮毂处设一个顶冒口补缩。而轮缘与辐板连接部位因为是直径很大的一圈,故使它分段顺序凝固,即沿圆周均布六个大气压力暗冒口,并配合六个冷铁,可有效防止缩孔。

对容易产生裂纹的薄壁铸钢件,应采用"同时凝固"原则,通常开设多个内浇道,让钢液均匀、迅速地充满铸型,如图 1-24 所示的铸件。

为了防止铸钢件在转角内侧产生裂纹,常设置铸造拉筋,如图 1-25 所示,其厚度为铸件壁厚的 1/4~1/3,浇注后很快凝固冷却,以足够的强度来加强转角处,以防该处在铸造应力作用下开裂。

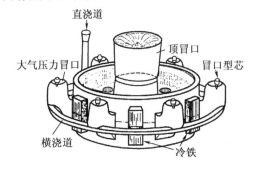

图 1-23   大型铸钢齿轮铸造工艺

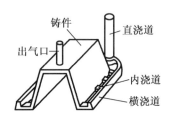

图 1-24   薄壁铸钢件的铸造工艺

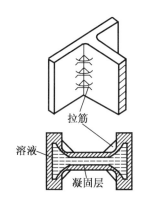

图 1-25   铸造拉筋示意图

必须严格控制浇注温度,防止过高或过低,以免产生缺陷。铸钢件铸后晶粒粗大,组织不均,常常出现魏氏组织,有较大的铸造应力,使铸钢件的塑性下降,冲击韧性降低。为了细化晶粒,消除魏氏组织,消除铸造应力,铸钢件铸后必须进行热处理。通常采用退火或正火处理。

1.2.3   铸造铝合金

铝合金具有比强性高,熔点低,导电、导热性能优良,耐腐蚀性能好,因此也常用来制造铸件。铸造铝合金可分为铝硅、铝铜、铝镁和铝锌等四类合金。其中铝硅合金具有良好的铸造性能,而含硅 10%~13% 的铝硅合金是最典型的铝硅合金,属于共晶成分,通常称为"硅铝明"。

铝是活泼合金元素,熔融状态的铝易于氧化和吸气。铝氧化生成的 Al_2O_3 熔点高(2 050 ℃),密度比铝液稍大,故容易在铸件中形成夹杂缺陷。液态铝合金还容易吸收氢气,冷凝时,由于溶解度下降,会以气泡形式析出,形成分散的小孔(称为针孔),从而影响铸件的力学性能及气密性。

为减少氧化和吸气,铝合金应在熔剂层的覆盖下进行熔炼,常用的覆盖剂有 KCl,NaCl, CaF_2,Na_3AlF_6 等。熔炼后期,为了进一步去除气体和夹杂物,还必须进行精炼。精炼的方法多种多样,如通氮(或氯)精炼、氯盐精炼、熔剂精炼、过滤真空精炼和超声波处理等。其中最常用而且最简便的方法是六氯乙烷(C_2Cl_6)浮游精炼法,反应产物 $AlCl_3$、HCl 及 Cl_2 在熔炼温度下呈气态。在气泡上浮过程中,铝液中的气体会向气泡内扩散,Al_2O_3 等固态夹杂物会自动吸附在气泡上,从而被带到液面,达到去气除渣的目的。

铝合金铸件的浇注系统要求充型平稳,不产生飞溅、涡流,以免充型过程中铝合金液的二次氧化和吸气;挡渣能力要强,以除去熔炼时残留的夹杂物。为此,一般采用底注、开放式的浇注系统。为了提高挡渣、净化能力,还可在浇注系统中安放过滤片(如玻璃纤维过滤网、泡沫陶瓷过滤片等)。另外,铝合金的收缩较大,故应使铸件按"顺序凝固"原则进行凝固,合理设置冒口,以消除缩孔、缩松缺陷。

1.2.4　铸造铜合金

铸造用铜合金可分为黄铜和青铜两大类。各种成分的铜合金,其结晶特征、铸造性能、铸造工艺特点彼此不同。锡青铜的结晶温度范围宽,以糊状凝固的方式凝固,所以合金流动性差,易产生缩松,故其铸造时首要考虑疏松问题。对壁厚较大的重要铸件,如蜗轮、阀体,必须采取顺序凝固;对形状复杂的薄壁件和一般壁厚件,若气密性要求不高,可采用同时凝固。铝青铜、铝黄铜等含铝较高的铜合金,结晶温度范围很小,呈逐层凝固特征。故流动性较好,易形成集中缩孔,且极易氧化。

铜合金在液态下也易被氧化,能形成 Cu_2O,SiO_2,Al_2O_3,SnO_2 等。其中 Cu_2O 的危害最大,它熔于铜合金液中,凝固时分布在晶界上,可导致合金的热脆性。Cu_2O 与氢作用,能使铜合金严重脆化(此现象称为"氢脆")。铜合金在液态下还能吸收气体(主要是氢气、水蒸气等),导致气孔的产生。

在熔炼青铜时,常加入木炭、碎玻璃、硼砂和苏打等,形成熔剂层覆盖在熔液表面,以隔绝空气。在熔炼时加入 0.3% ~0.6% 的磷铜(w(P)=8% ~14%)与 Cu_2O 发生如下反应:

$$5Cu_2O + 2P = P_2O_5 \uparrow + 10Cu$$

P_2O_5 呈气态逸出,达到脱氧目的。

浇注前还要进行去气处理,即向铜合金液中吹入干燥的氮气。氮气气泡上浮时,溶于铜合金液的氢不断地进入气泡中,随气泡上浮而被去除。

为了防止铜液的二次氧化和吸气,多采用底注、开放式浇注系统。铜合金的收缩率比铸铁大,除了锡青铜之外,一般采用顺序凝固原则,设置冒口,以进行补缩。

另外,铜合金的密度大、流动性好,且熔点较低,故可使用细砂来造型,以防止机械粘砂并降低铸件表面粗糙度。

1.2.5　铸造镁合金

镁合金是金属工程结构材料中最轻的材质,纯镁的密度为 1.74 g/cm^3,低密度、高比刚度、高比强度、优良的减震性、稳定性、电磁屏蔽性、绿色环保等是镁合金的特点。镁合金在实现轻量化、降低能源消耗、减少环境污染等方面具有显著作用,因此,在汽车、国防军工、航空航天、电子、机械等工业领域,以及家庭用品和运动器材等领域正得到日益广泛的应用。在国防军工领域,已应用于制造飞机、导弹、飞船、卫星、轻武器等重要武器装备零件,特别是我国目前大飞机、绕月飞行器、高速轨道交通、电动汽车等大型工程项目的启动,使镁合金的应用前景非常可观,同时也对镁合金的性能提出了更高要求。

近年来镁合金的应用广泛性仍远不如铝合金,主要原因是目前的镁合金还存在着显著的缺点:①绝对强度仍然偏低,尤其是高温力学性能较差,当温度升高时,它的强度和抗蠕变性能往往大幅度下降;②室温塑性低、变形加工能力较差;③化学活性高,易于氧化燃烧,使其熔炼加工困难;④抗腐蚀性差,缺乏有效和积极的腐蚀防护途径。

在镁合金铸造技术中最易出现的缺陷就是疏松、夹渣、裂纹以及气孔。镁合金的结晶温度范围较大,经常性地会以一种糊状的状态凝固,在结晶完成时就会出现许多树枝状的结晶组织而无法补缩。

镁合金零件的铸造成形方法有砂型铸造、金属型铸造、低压铸造、消失模铸造、压力铸造、挤压铸造以及新型的半固态铸造等。目前,大约有85%以上的镁合金是通过压铸成形的。

传统的压力铸造使得镁合金铸件极易发生疏松、缩孔、夹渣等缺陷。真空压铸技术、充氧压铸技术、挤压铸造技术、半固态触变注射成形技术、连续铸轧成形技术、半连续铸造技术、真空低压消失模铸造以及铸锻双控成形技术的形成为高性能镁合金的未来发展提供了动力。

1.2.6　铸造钛合金

钛合金具有比强度高,耐腐蚀、线膨胀系数小、生物相容性好等优异性能。钛及钛合金在航空、航天、船舶、汽车、冶金、化工、制药工业、医疗卫生和能源等领域有着广泛的应用。从工业价值和资源寿命的发展来看,它仅次于铁、铝,被誉为正在崛起的"第三金属",并已成为新工艺、新技术、新设备不可缺少的金属材料。

铸造钛合金按相的组成可分为:α型合金、近α型合金、α+β型合金、近β型合金、β型合金五种。按它们的强度和应用情况可分为:中温中强合金、高强合金、高温合金、低温合金、耐腐蚀合金及特殊用途合金(生物工程合金)六种。随着宇航工业发展的需要,近年来又发展出 γ – TiAl 基高温合金。

钛合金的熔炼技术主要包括真空自耗电弧炉熔炼(VAR)、电子束冷床炉熔炼(EBM)、等离子束冷床炉熔炼(PAM)、水冷坩埚感应熔炼法(CCIM)、电渣重熔(ESR)等方法。VAR熔炼技术已广泛用于优质高温合金和航空钛合金铸锭的生产,是一种成熟的工业熔炼方法。

用于钛合金熔模铸造生产的型壳材料主要有石墨、难熔金属粉和惰性氧化物型壳三种。钛及钛合金工业产品的铸造型壳主要采用金属型、石墨加工型、石墨捣实型和氧化物型。

通常铸钛用的黏结剂可分为碳质黏结剂和氧化物黏结剂。碳质黏结剂主要是合成树脂和合脂。

1.3　铸造方法

1.3.1　砂型铸造

砂型铸造是应用最广泛的铸造方法。原因是砂型铸造不受合金种类、铸件形状和尺寸的限制,适应各种批量的生产,尤其在单件和小批生产中,具有操作灵活、设备简单、生产准备时间短等优点。

砂型铸造的基本工艺过程如图 1 - 26 所示。掌握砂型铸造的基本规律是正确进行铸件结构设计和合理制定铸造工艺方案的基础。

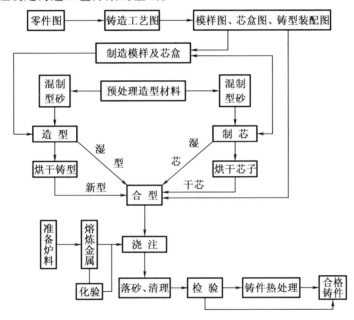

图 1 - 26　砂型铸造工艺过程示意图

图 1 - 27 所示为转接盘铸件的具体铸造工艺过程。经过前期的工艺设计后,其铸造过程包括模样和芯盒的制作、型砂和芯砂的配制、造型和造芯、下芯、合箱、熔配合金、炉前化学成分快速分析及成分调整、浇注、凝固冷却、落砂、清理、检验等工艺流程。

根据完成造型工序的方法不同,砂型铸造可以分为手工造型和机器造型两大类。

1. 手工造型

全部用手工或手动工具完成的造型工序称为手工造型。

手工造型操作灵活、工艺装备(模样、芯盒、砂箱等)简单、生产准备时间短、适应性强,造型质量一般可满足工艺要求,但生产率低、劳动强度大、铸件质量较差,所以主要用于单件、小批生产。

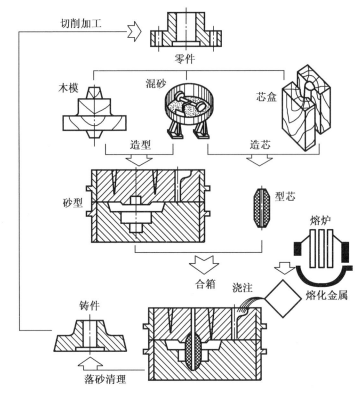

图 1 - 27   转接盘的砂型铸造生产工艺过程

　　手工造型方法多种多样,实际生产中可根据铸件的结构特点、生产批量和生产条件选用合适的造型方法。常用的手工造型方法的特点及应用范围如表 1 - 3 所示。

表 1 - 3   常用手工造型方法的特点及应用范围

造型方法		铸型示意图	主要特点	适用范围
按模样特征分类	整模造型		模样是整体的,分型面是平面,铸型型腔全部在一个砂箱内。造型简单,铸件不会产生错型缺陷	最大截面在一端,且为平面的铸件
	分模造型	直浇口棒　分型面	将模样沿最大截面处分为两半,型腔位于上、下两个砂型内,造型简单,节省工时	最大截面在中部的铸件
	挖砂造型		模样是整体的,分型面不为平面。为起出模样,造型时用手工挖去阻碍起模的型砂。造型费工时、生产率低,要求工人技术水平高	分型面不是平面的铸件的单件、小批量生产

表 1-3(续)

造型方法		铸型示意图	主要特点	适用范围
按模样特征分类	假箱造型		克服了挖砂造型的缺点,在造型前预先做一个与分型面相吻合的底胎,然后在底胎上造下型。因底胎不参加浇注,故称假箱。假箱造型比挖砂造型简便,且分型面整齐	用于成批生产中需要挖砂的铸件
	活块造型		铸件上有妨碍起模的小凸台、肋板时,制模时将这些部分做成活动的部分(即活块)。起模时,先起出主体模样,然后再从侧面取出活块。造型费工时,要求工人技术水平高	单件、小批生产。带有突出部分难以起模的铸件
	刮板造型		用刮板代替模样造型。可降低模样成本,节约木材,缩短生产周期。但生产率低,要求工人技术水平高,铸件尺寸精度差	等截面的或回转体的大、中型铸件的单件、小批生产,如皮带轮、铸管、弯头等
按砂箱特征分类	两箱造型		两箱造型是造型的最基本方法,铸型由上箱和下箱构成,操作方便	各种生产批量和各种大小铸件
	三箱造型		铸型由上、中、下三箱构成。中箱高度须与铸件两个分型面的间距相适应。三箱造型生产率低,且需配有合适的砂箱	单件、小批生产。具有两个分型面的铸件
	脱箱造型(无箱造型)		在可脱砂箱内造型,合型后浇注前,将砂箱取走,重新用于新的造型。用一套砂箱可重复制作很多铸型,节约砂箱。需用型砂将铸型周围填实,或在铸型上加套箱,以防浇注时错型	生产小铸件。因砂箱无箱带,所以砂箱尺寸小于400 mm × 400 mm × 150 mm
	地坑造型		在地面以下的砂坑中造型,不用砂箱或只用上箱,大铸件需在砂床下面铺以焦炭,埋上出气管,以便浇注时引气。减少了制造砂箱的费用和时间,但造型费工、劳动量大,要求工人技术较高	砂箱不足,或生产批量不大、质量要求不高的铸件,如砂箱压铁、炉栅、芯骨等

2. 机器造型

机器造型即由造型机完成造型过程中的填砂、紧实和起模等主要动作。与手工造型相比,机器造型可以大大提高生产率,改善劳动条件,提高铸件精度和表面质量。机器造型需要使用专用砂箱、模板和设备等,投资费用高,适用于成批或大批量生产。

机器造型是采用模板进行两箱造型的(由于很难使中砂型同时形成两个分型面等原因,不能进行三箱造型)。模板是模样与模底板的组合体(图1-28),上面带有浇道模、冒口模和定位装置。模板固定在造型机上,并与砂箱用定位销定位。造型时模样用以形成砂型型腔,而模底板用以形成分型面。机器造型时应避免使用活块,否则会显著降低造型机的生产率。

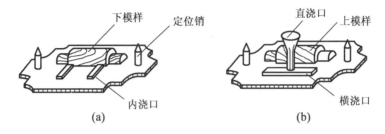

图 1-28 机器造型用模板和模底板的示意图

(a)下模样;(b)上模样

常用的机器造型方法的特点及应用范围如表1-4所示。

表 1-4 机器造型方法的特点及适用范围

紧实方法		机器造型示意图	型砂紧实方式及砂型特征	适用范围
震击			借机械震击赋予型砂动能和惯性紧实成形,砂型上松下紧,常需补压	用于精度要求不高的中小铸件成批大量生产
压实	单纯压实		型砂借助于压头或模样所传递的压力紧实成形,按比压大小可分为低压(0.15~0.4 MPa)、中压(0.4~0.7 MPa)、高压(>0.7 MPa)三种	中低压用于精度要求不高的简单铸件中小批生产;高压用于精度要求高、较复杂铸件的大量生产
	单向压实		直接受压面砂型紧实度较高,但不均匀,若比压不足则紧实度低	用于精度要求不高、扁平铸件的中小批量生产
	差动压实(双向)		首先压头预压(上压),其次模样面补压(下压),然后压头终压,其砂型的紧实度及均匀性均优于单向压实	用于精度要求较高、较复杂铸件的大量生产

表 1 - 4(续 1)

紧实方法		机器造型示意图	型砂紧实方式及砂型特征	适用范围
震压	普通震压	 压头　模板　砂箱　进气口　出气口　工作台　震实活塞　震实气缸　压实活塞　压实气缸	震击加压实,其砂型紧实密度的波动范围小,可获得紧实度较高的砂型	用于精度要求较高、较复杂铸件的大量成批生产
	微震压实	 砂箱　模板　工作台　震铁　压实活塞　弹簧	震击频率 400~300 Hz,振幅小,可同时微震压实,也可先微震后压实,比单纯压实可获得较高的砂型紧实度,均匀性也较高	可用于精度要求较高、较复杂铸件的成批大量生产
抛砂		 送砂带　弧板　叶片　抛砂头转子	借高速旋转的叶片把砂团抛出,打在砂箱内的砂层上,使型砂逐层紧实,砂团的速度越大,砂型紧实度越高。若供砂情况和抛头移动速度稳定,则砂型各部分紧实度较均匀	用来紧实砂型或砂芯,既适用于中大件砂箱造型,也可用于地坑造型,单件、小批、成批均可使用,但铸件精度较低
射压			借助压缩空气赋予型砂动能预紧之后,再用压头补压成形,紧实度及均匀性较高,有顶射、底射和侧射之分,顶射结构简单	用于精度要求不高、一般中小件的成批大量生产
气流紧实	静压		其过程包括: (1)在砂箱内填砂(模板上有通气塞); (2)对型砂施以压缩空气进行气流加压(一般 0.3 s),通入的压缩空气穿过型砂经通气塞排出,此时越靠近模板处型砂视在密度越高; (3)用压实板在型砂上部压实,使砂型上下紧实度均匀。此法砂箱吃砂量较小,起模斜度较小	可用于精度要求高的各种复杂铸件的大量生产

表 1 −4(续 2)

紧实方法		机器造型示意图	型砂紧实方式及砂型特征	适用范围
气流紧实	气流冲击及其种类	储气罐　单向快开阀　小室 分流器 隔膜阀 辅助框 砂箱 模样	具有一定压力的气体瞬时膨胀释放出来的冲击波作用在型砂上使其紧实,且由于型砂受到急速的冲击产生触变(瞬时液化),克服了黏土膜引起的阻力,提高了型砂的流动性。在冲击力和触变作用下迅速成形,其砂型特点是紧实度均匀且分布合理,靠模样处的紧实度高于砂型背面。	可用于精度要求高的各种复杂铸件的大量生产,比静压造型具有更大的适应性。
			①空气冲击:采用普通压缩空气作为动力,通过调节压缩空气压力来调节砂型紧实度;	用于砂箱平面积≤1.2~1.5 m²;
			②燃气冲击:用天然气、丙烷气、甲烷和乙烷按一定比例和空气混合后,点火引爆,可通过调节风机转速来调节砂型紧实度;	用于砂箱平面积≥1.5 m²;
			③爆炸气流冲击:用高压电流的电弧放电,点燃液态或固态物质,使之爆炸,产生高压气体紧实型砂	尚未投入使用

3. 铸造生产流水线简介

在具有一定生产规模的现代化铸造车间中,通常采用机械化的砂处理及输送系统,而造型则采用手工造型、机器造型或手工结合机器造型。铸型、合金液及铸件的搬运、浇注则采用起吊设备来完成,生产效率不高。

在大批量生产的机械化铸造车间中,生产是按照流水作业方式连续进行的。图 1 − 29 所示为机械化铸造车间的造型—浇注—落砂流水生产线。生产线是将造型机和其他辅机(如翻箱机、合箱机、压铁传送机、捅箱机、落砂机、分箱机、台面清扫机等)按照铸造工艺流程用运输设备(如铸型输送机、辊道、吊链等)联系起来而组成的。在生产线上,由成对的造型机分别制造上型和下型,下芯、合型后通过辊道送到输送机上。当砂型被输送机送到浇注台前时,就进行浇注。浇注台是一条循环转动的履带,吊挂浇注机(浇包),与输送机速度同步,以便浇注时使浇包嘴对准浇口盆。

浇注后的砂型通过冷却室后,送到落砂机之前,由捅箱机的推杆迅速推到落砂机上。砂型被震碎后,型砂散落到坑道底部的型砂输送带上,再送往型砂处理工段。铸件则落到坑道中部的另一条铸件输送带上,被送往铸件清理工段。空砂箱则被推到砂箱输送带上,送回造型机旁,以备继续造型之用。

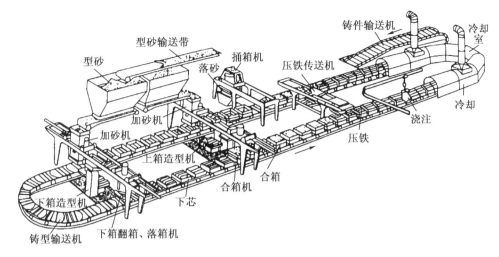

图 1-29　造型—浇注—落砂流水线示意图

使用过的型砂要清除杂物、补充新砂、调整配比,以达到性能要求。型砂混碾后由高架的型砂输送带送入各造型机上方的储砂斗内以供造型时使用。

整个铸造过程协调、连续地循环进行,生产效率高。但是上述生产流水线不能进行干砂型铸造,也不能生产大型和厚壁铸件。另外,由于在各种造型机上都只能用模板进行两箱造型,使铸件外形受到一定限制。而且安装型芯等操作仍难以摆脱手工劳动,所以砂型铸造的机械化程度至今仍受到一定限制。

1.3.2　特种铸造

虽然砂型铸造具有适应性广、生产准备简单等优点,但是也存在一些不足。例如,砂型是一次性使用的;生产率低;铸件尺寸精度低、表面粗糙、加工余量大,铸件组织不致密、晶粒粗大、内部缺陷较多、力学性能低;工艺过程复杂,难以实现高度自动化;劳动条件差等。在大批量生产时,上述问题表现更加明显。

因此,通过改变铸型的材料、浇注的方法、液体金属充填铸型的形式或铸件凝固的条件等因素,又形成了多种铸件成形过程有别于砂型铸造的其他铸造方法,把这些铸造方法统称为特种铸造。

1.熔模铸造

熔模铸造又称为失蜡铸造,是在用易融(熔)材料(如蜡料)制成的模样表面包敷数层耐火涂料,侍其硬化干燥后,将模样融(熔)失而制成整体型壳,将金属液浇入型壳而获得铸件的方法。由于获得的铸件具有较高的尺寸精度和表面粗糙度,故又称为熔模精密铸造,它是精密铸造方法之一。

熔模铸造不仅用蜡基模料(低温模料),也可用松香基模料、塑料和盐基模料(中温模料)等,如塑料聚苯乙烯模、尿素模(属于水溶芯模料)。

早在两千多年前,我国劳动人民就已经掌握了"失蜡铸造"的原理,如古代流传下来的青铜钟鼎等器皿便是用这种方法铸造出来的,它至今还在用于工艺品的铸造,如铜像。此外,埃及、印度等国家掌握熔模铸造法的历史也很悠久。

（1）熔模铸造的工艺过程

如图1-30所示，以某变速器拨叉为例，其工艺过程包括制造蜡模、组合蜡模成组；制出耐火型壳、脱蜡、自干燥；焙烧、造型（有时不用）和浇注；清出型壳残料、切下铸件、清理及检验铸件等。在制作蜡模前，需要制造好压型。压型（图1-30（a））是用来制造模样（即熔模）的模具，一般用钢、青铜或铝合金经切削加工制成。为了保证蜡模质量，压型必须有较高的尺寸精度和低的表面粗糙度，而且型腔尺寸必须包括蜡料和铸造合金的双重收缩率。当大批量生产时，压型常用铜、锡青铜或铝合金材料经机械加工制成；在生产批量不大时，常用低熔点合金（锡、铅、铋合金、熔点不超过300℃）铸造；在单件小批生产时，可用石膏制成压型。压型造好可用后，将糊状蜡料（常用的低熔点蜡基模料为50%的58℃的石蜡加50%的三压一级的硬脂酸，融配成糊状蜡料）用压蜡机压入压型，凝固后取出，得到蜡模。在铸造小型零件时，常将很多蜡模粘在蜡质的浇注系统上组成蜡模组（图1-30（a））。

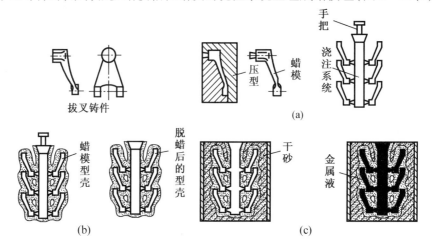

图1-30　熔模铸造工艺过程示意图

制作型壳。表面层：将蜡模组表面脱脂后，浸入涂料（320目的刚玉粉加硅酸乙酯水解液黏结剂、充分搅拌）中，取出后在上面撒一层80目的刚玉砂（或锆英砂、硅砂），再放入干燥柜中用硬化剂（如氨水）密闭进行硬化，反复2~3遍。过渡层：表面层完成后，浸入涂料（320目的铝矾土加水玻璃黏结剂、充分搅拌）中，取出后在上面撒一层100目的铝矾土，再浸入放有硬化剂（如结晶氯化铝溶液）的硬化槽中进行硬化，反复2遍。加固层：过渡层完成后，浸入涂料（320目的铝矾土加水玻璃黏结剂、充分搅拌）中，取出后在上面撒一层20目的铝矾土，再浸入放有硬化剂（如结晶氯化铝溶液）的硬化槽中进行硬化，反复3~4遍，甚至更多遍，直至达到要求的型壳湿强度。

这样就在蜡模组表面形成由多层耐火材料构成的坚硬型壳。然后将带有蜡模组的型壳放入80~90℃的热水或蒸汽中，使蜡模融化并从浇注系统流出，于是就得到一个没有分型面的型壳（图1-30（b））。再经过烘干、焙烧以去除水分及残蜡，并使型壳强度进一步提高。

此后，将型壳放入砂箱，四周填入干砂捣实（型壳强度足够高时，可以不用造型），再装炉焙烧（850~900℃）。将型壳从炉中取出后，趁热（如钢件600~700℃、铝件350~400℃）进行浇注(图1-30(c))。冷却凝固后清除型壳,便得到一组带有浇注系统的铸件,再经清理、检验就可得到合格的熔模铸件。

(2)熔模铸造的特点及应用范围

①熔模铸造的型壳是一个无分型面的整体,无需通常的起模、下芯、合型等工序,蜡模尺寸精确、表面光洁,而且铸型在预热后浇注,所以所得铸件尺寸公差等级高(CT7～CT4)、表面光洁(Ra为12.5～1.6 μm)。如熔模铸造的涡轮发动机叶片的精度已达到无须机械加工的程度。因加工余量小,故可以节约金属材料、能源和机械加工费用。另外,可获得形状十分复杂、薄壁的铸件(铸钢件最小壁厚可达0.3 mm)。

②型壳耐火度高,适合于各种合金的浇注。从非铁合金直至黑色金属,尤其适用于高熔点及难加工的高合金钢,如不锈钢、耐热合金、磁钢等。

③生产批量不受限制,单件、小批、成批、大量均可。大批量时可以采用机械化流水线生产。

但是,熔模铸造工艺复杂、生产周期长、使用和消耗的材料较贵,故铸件成本较高。另外,蜡模较大时容易变形、型壳强度不高,所以铸件一般不能太大(质量一般不大于25 kg)。

随着工艺水平的提高,现在已经能够制造大型复杂的熔模铸件,例如大型客机发动机前机匣轮廓最大尺寸达1.32 m,压缩机的导向器铸件质量达180 kg。

因此,熔模铸造方法适于生产形状复杂、精度要求高、高熔点或难以进行机械加工的小型零件,如汽轮机、涡轮发动机、柴油增压器等装置所用的各种叶片、叶轮、导向器、导风轮以及各种刀具等。还适于将数个零件装配而成的组件改为整体铸件一次铸成,可大大节约机械加工及装配费用。熔模铸造在航空、船舶、汽车、机床、仪表、刀具、武器等制造业中都得到了广泛的应用。

2. 金属型铸造

金属型铸造又称硬模铸造,是将液体金属在重力作用下浇入金属铸型中而获得铸件的一种铸造方法。因为金属型可以反复使用,连续浇注数百次甚至更多,故又称为永久型铸造。

我国是世界上应用金属型最早的国家。春秋战国时代,我国劳动人民就用铁的铸型(称铁范)铸造各种农具、兵器和日用品。铸造技术已具有相当的水平。

(1)金属型

金属型在高温下工作,故制作金属型的材料应具有足够的力学性能,特别是高温下的疲劳强度,以及足够的热稳定性、较小的热膨胀系数和良好的加工性。常用的金属型材料有灰铸铁、合金铸铁、球墨铸铁,以及碳钢、低合金钢等。

金属型的结构设计应根据铸件的结构特点、尺寸大小、分型面数量、材质种类及生产批量的不同而进行。金属型的结构有整体式、水平分型式、垂直分型式和复合分型式几种(图1-31)。其中的垂直分型式由于便于开设内浇道、取出铸件和易于实现机械化而应用较多。型腔采用机加工的方法制成,铸件的内腔可由型芯形成,形状简单的使用金属型芯,形状复杂或浇注高熔点合金则使用砂芯。

金属型本身没有透气性,主要靠出气口、型体上的通气塞和分型面上开设的通气槽排出型内气体。

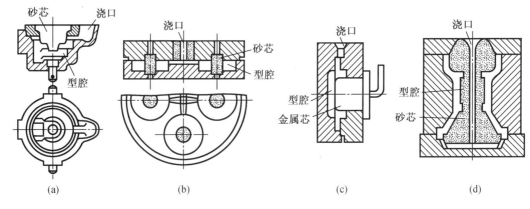

图 1 - 41　金属型的种类

(a)整体式;(b)水平分型式;(c)垂直分型式;(d)复合分型式

为了操作方便,金属型上通常设有抽芯机构、锁紧机构和开型机构,以及冷却和加热装置。对于形状复杂的铸件,广泛应用于有两个互相垂直的分型面的复合式金属型。

(2)金属型铸造的工艺特点

①预热金属型。这样可以减小高温金属液对金属型的热冲击并削弱铸型的激冷作用,从而有利于金属液的充型,防止浇不足和冷隔缺陷,并可延长金属型的使用寿命,为此,浇注前应预热金属型。预热温度依铸件材质、形状、壁厚等因素而定。例如,铝合金为 200 ~ 300 ℃,铸铁为 250 ~ 350 ℃。连续工作时,因为金属型吸热而温度过高,所以应进行强制冷却(如利用循环水或空气作介质)。

②型腔表面喷刷涂料。其目的是防止金属液与型壁直接接触,以降低型壁的传热强度并减少高温对型壁的影响;利用涂料层厚度的变化可调节铸件各部分的冷却速度,实现合理的凝固顺序;还可以起蓄气和排气作用。铝合金铸件常用含氧化锌、滑石粉、石棉粉和水玻璃黏结剂的涂料。黑色金属铸件常采用双层涂料,底层由石英粉、水玻璃和水等组成,主要起保护型壁的作用;表层常用乙炔烟黑、重油等,使铸件表面光洁。

③浇注温度。金属型的导热能力强,为了保证充型能力,浇注温度一般比砂型铸造高20 ~ 30 ℃。铝合金的浇注温度为 680 ~ 740 ℃,铸铁的浇注温度为 1 320 ~ 1 370 ℃。其中,薄壁小件应取上限,大型厚壁件应取下限。

④恰当的出型时间。由于金属型没有退让性,铸件凝固后,产生内应力和裂纹的倾向也越大,同时,铸件在金属型内停留越久,抽芯和取出铸件越困难;生产率也会降低。出型时间由试验而定。

(3)金属型铸造的特点及应用范围

①金属型导热快,使金属液快速冷却,铸件结晶细小致密,力学性能有所提高。如铝合金铸件的抗拉强度比砂型铸造提高 20% 左右。

②金属型内腔光洁、尺寸精度高,故所得铸件表面质量较高(Ra 12.5 ~ 3.2 μm)、尺寸精度等级也较高(CT9 ~ CT6),可实现少切削加工或无切削加工。

③金属型寿命长,可连续使用,不需经常造型,节省了造型时间,也节约了大量的型砂及复杂的型砂处理设备,提高了生产率,改善了劳动条件。

金属型制造周期长、成本高,故不适于小批量生产;金属型冷却能力强,不适于形状复杂、大型薄壁铸件的生产,对于铸铁件而言还易产生白口组织;浇注高熔点的合金会大大降低金属型的寿命。因此金属型铸造的应用受到一定限制,目前主要用于大批量生产、外形简单的有色合金中小型铸件,如铝活塞、风扇叶轮、油泵壳体、汽车发动机缸体、缸盖、铜合金轴套和轴瓦等,有时也用于某些铸铁和铸钢件。

3. 低压铸造

低压铸造是液体金属在压力作用下由下而上地充填型腔,以形成铸件的一种铸造方法。它是使金属液在较低的压力(通常为 0.02 MPa～0.08 MPa,对于特殊的金属型铸件保压压力可达 0.2 MPa～0.3 MPa)作用下,充填铸型并在压力下结晶凝固,从而获得铸件。

如图 1-32 所示,低压铸造机由主机(包括保温炉、升液管、开合铸型的机构)和液面加压控制系统两大部分组成。其工作过程如下:

首先闭合铸型,然后开动液面加压控制系统,向储有金属液的密封坩埚内通入干燥的压缩空气或惰性气体,由于金属液面受到气体压力作用,金属液经升液管由下而上地通过浇注系统充填铸型。充型阶段结束后,继续保持一定的压力(或适当增加压力)直至型腔内的金属液完全凝固。随即消除坩埚内液面上的气体压力,使升液管和浇注系统中尚未凝固的金属液在重力作用下流回坩埚。最后开启铸型,取出铸件。

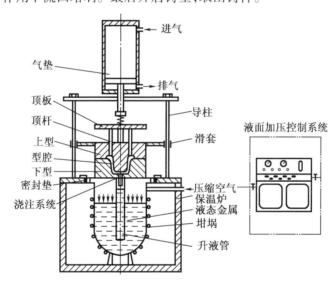

图 1-32 低压铸造机总体示意图

低压铸造具有以下优点。

充型及凝固时的压力容易控制,所以可以使用金属型、砂型、熔模型壳等多种铸型,具有较强的适应性;采用底注式充型,而且充型压力较低,故充型平稳,最大限度地减少了铸件的气孔、夹渣缺陷,这对于容易氧化的有色合金铸件十分有利;直接利用升液管内的炽热金属液进行补缩,省去了补缩冒口,金属利用率可提高到 95% 以上;铸件在压力下结晶,故组织致密,力学性能较高;设备投资较少,操作方便,能适应各种批量铸件的生产。

目前,采取低压铸造方法可以生产铝合金和镁合金铸件,如发动机的气缸体和气缸盖、汽车轮毂、高速内燃机和压气机的活塞等,也可以生产出大功率内燃机车的大型球墨铸铁曲轴、万吨油轮用的质量达30 t的铜合金螺旋桨等。

4.压力铸造

压力铸造(简称压铸)是将液态或半液态金属在高压(几至几十兆帕)作用下高速(0.5~50 m/s)压入金属型中,并在压力下凝固而获得铸件的方法。

高压和高速充填压铸型是压铸的两大特点。熔融金属充满铸型的时间为0.01~0.2 s。

(1)压铸机和压铸工艺过程

压铸机是压铸生产中最基本的设备,压铸过程就是通过它来实现的。压铸机的种类很多,目前应用较多的是卧式冷压室压铸机。压铸型是压铸时所用的金属型,由定型、动型两部分组成。定型固定在机架上,动型由合型机构带动可沿水平方向移动,实现压铸型的开与合以及压铸过程中的紧固。压铸型装有抽芯和顶出铸件的机构,如图1-33所示。

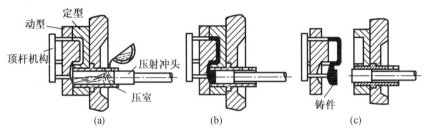

图1-33 压铸工艺过程

(a)合型,注入定量金属液;(b)压射;(c)开型

所谓冷压室是指压室与保温炉(图1-33中未表示出)分开,压铸时从保温炉中取出液体金属注入压室中压射,故压室与液体金属只是短时间的接触。卧式则是指压室的中心线是水平的。卧式冷压室压铸机的压铸工艺过程为:移动动型,使压铸型闭合,向压室中注入定量金属液(图1-33(a));压射冲头快速推进,将金属液压入压铸型型腔中(图1-33(b));打开压铸型,用顶杆机构顶出铸件(图1-33(c))。

(2)压力铸造的特点及应用范围

①压铸件尺寸精度等级高(CT8~CT4),表面光洁(Ra 3.2~0.8 μm),一般可不经机械加工直接使用,互换性好。

②压铸件的强度和表面硬度较高(其抗拉强度可比砂型铸件提高20%~40%)。原因在于铸件冷却速度大,且在压力下凝固,所以组织细化,尤其表面层晶粒细小。

③可获得形状复杂的薄壁铸件,可直接铸出细孔、螺纹、齿形、花纹和图案,也可铸造镶嵌件。

④生产过程易于实现机械化和自动化,所以生产率高。一般卧式冷压室压铸机每小时可压铸20~240次。

但是,因为压铸时充型压力大、速度快、充型时间极短,型腔中气体难以完全排出,所以压铸件中有许多皮下小气孔,一般不宜进行较大余量的机械加工,否则气孔外露,也不宜进行热处理或在高温下工作,以免气孔中的气体膨胀使铸件表面鼓包。另外,压铸型制造工艺复杂、成本较高、生产准备时间长、压铸机一次性投资大,所以只有在大量生产中才能体现它的优越性。

真空压铸对减小铸件内部的微小气孔,提高质量具有良好的效果。真空压铸是在压铸前先将压型型腔内的空气抽除,使液态金属在具有一定真空度的型腔内凝固成铸件。如锌合金经真空压铸后抗拉强度 σ_b 能从 245 MPa 提高到 294 MPa,压铸的最小壁厚能从 1 ~ 1.5 mm 减小到 0.5 ~ 0.8 mm,废品率明显下降。

压力铸造目前主要用于大量生产的有色合金(主要为铝合金、锌合金及镁合金)中小型(几克至 20 ~ 30 kg)铸件,在汽车、拖拉机、仪表、医疗器械、日用五金、家用电器、计算机、照相机、钟表、机床等方面以及国防工业中都有广泛应用。

压力铸造在黑色金属方面的应用还受到一定限制,原因在于压铸型寿命短。为此,使用新型的压铸型材料(如耐热性更好的钼基合金、高导热性的铜铬合金),或用半固态金属进行压铸(如流变铸造法)可减少对压铸型的热冲击,可显著延长其使用寿命,这将为铁、钢甚至高温合金的压铸开拓一条新途径。

5. 离心铸造

离心铸造是将液体金属浇入旋转的铸型中,使液体金属在离心力的作用下充填铸型和凝固成形的一种铸造方法。

为实现上述工艺过程,必须采用离心铸造机以创造铸型旋转的条件。根据铸型旋转轴的空间位置不同,离心铸造机分为立式和卧式两种,其铸造过程原理如图 1 - 34 所示。立式离心铸造机主要用于生产高度小于直径的圆环类铸件(图 1 - 34(a)),卧式离心铸造机主要用于生产长度大于直径的管、套类铸件(图 1 - 34(b))。另外,两者也可用于成形铸件的生产(图 1 - 34(c))。

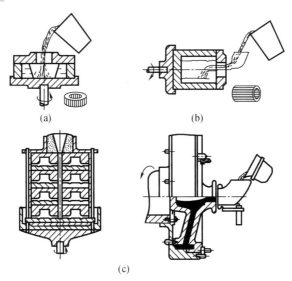

图 1 - 34　离心铸造示意图
(a)立式;(b)卧式;(c)成形铸件的离心铸造

离心铸造方法具有以下优点。

(1)不需要型芯和浇注系统即可直接生产中空铸件,大大简化了管、套类铸件的生产过程,生产率高,成本低。

（2）铸件在离心力的作用下,由外向内顺序凝固,补缩效果好,铸件组织致密,无缩孔、缩松、气孔、夹渣等缺陷,力学性能良好。金属液中的气体、熔渣因密度小而集中于铸件内表面。

（3）由于离心力的作用,金属液的充型能力有所提高,可浇注流动性差的合金和薄壁铸件。

（4）可方便地铸造双金属铸件。例如钢套镶铜轴承等,其结合面牢固,又节省铜料,降低成本。

离心铸造的缺点是铸件易产生偏析、不宜铸造密度偏析倾向大的合金;而且内孔尺寸不精确,孔内壁粗糙、尺寸不易控制。

离心铸造已广泛用于制造管、套类铸件,如铸铁管、铜套、内燃机缸套、双金属钢背铜套等,以及水泵叶轮、增压器涡轮、特殊钢的无缝管坯、造纸机滚筒等成形铸件。

6．其他特种铸造方法

（1）连续铸造

连续铸造是一种先进的铸造方法,其原理是将熔融的金属,不断浇入一种叫作结晶器的水冷的金属型中,凝固(结壳)了的铸件,连续不断地从结晶器的另一端拉出,它可以获得任意长度或特定长度的铸件。

水冷的金属型结构决定铸件截面的形状,一般可以分为连续铸管和连续铸锭两种,适宜浇注的合金有钢、铸铁、铜、铝及其他合金。

连续铸铁管的工艺原理如图1-35所示。将符合要求的熔融铁水从浇包中浇入浇注系统,铁水均匀、连续不断地进入外结晶器与内结晶器间的间隙(管壁厚度)中,并凝固成有一定强度的外壳,管壁心部尚呈半凝固状态。结晶器开始振动,同时引管装置和升降盘向下运动,引导铸铁管以一定速度从结晶器底部连续不断地拉出,当拉到所需长度时,停止浇注,放倒铸铁管,然后开始第二次循环。图1-36为卧式连续铸造示意图和铸件截面形状示意图。

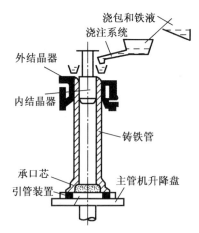

图1-35　连续铸管示意图

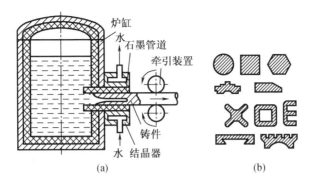

图 1－36　卧式连续铸造及铸件截面形状示意图

(a)卧式连续铸造;(b)铸件截面形状

连续铸造的特点和应用：

①连续铸造铸件冷却迅速,晶粒细化,组织均匀,机械性能较好;

②连续铸造时,铸件上没有浇注系统和冒口,故金属利用率高;

③简化了工序,免除了造型及其他工序,因而减轻了劳动强度,减小了生产所用面积;

④连续铸造易实现机械化和自动化,铸锭时还可以实现连铸连轧,生产率高。

(2)陶瓷型铸造

陶瓷型铸造是在砂型铸造和熔模铸造的基础上发展起来的一种工艺方法。陶瓷型制造是指用硅酸乙酯水解液作黏结剂,与耐火材料、催化剂、透气剂等混合制成的陶瓷浆料,灌注到模板上或芯盒中的造型(芯)方法。因为型腔表面有一层陶瓷层,因此浇注出的铸件具有较高的尺寸精度和较低的表面粗糙度,所以这种方法又叫作陶瓷型精密铸造。

陶瓷型的制造工艺可以分为两大类：一类是全部采用陶瓷浆料制造铸型法;另一类就是采用底套(相当于砂型的背砂层)表面再灌陶瓷浆料来制造陶瓷型的方法。底套又分砂套和金属底套两种。显然采用底套的方式,生产成本较低。

(1)砂套式薄壳陶瓷型的基本工艺过程

图 1－37 为普遍采用的薄壳陶瓷型的制作过程。

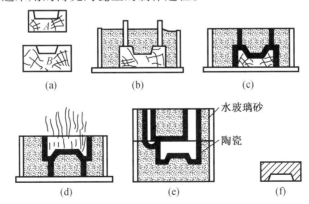

图 1－37　采用水玻璃砂套的陶瓷型铸造工艺过程

(a)砂套造型;(b)灌浆与胶结;(c)起模与喷烧;(d)焙烧与合型;(f)浇注

①砂套造型。在制造陶瓷型之前,先用水玻璃砂制出砂套。制造砂套的模样 B 比铸件模样 A 应增大一个陶瓷浆料的厚度(图 1 - 37(a)),其尺寸视铸件的大小选用 8 ~ 20 mm。砂套的制造方法与砂型制造方法相同。制造砂套时要预留灌浆孔和排气孔(图 1 - 37(b))。

②灌浆与胶结。将铸件模样 A 固定在平板上,刷上分型剂,扣上砂套,将配制好的陶瓷浆由浇注系统浇满(图 1 - 37(c))。数分钟后,陶瓷浆便开始胶结。

③起模与喷烧。灌浆后经 5 ~ 15 min,陶瓷浆料的硅胶骨架已初步形成,趁浆料尚有一定弹性时起模。起模后的陶瓷型须用明火均匀地喷烧整个型腔(图 1 - 37(d)),加速固化,提高陶瓷型的强度与刚度。

④焙烧与合型。陶瓷型在浇注前须加热到 350 ~ 550 ℃,焙烧 2 ~ 5 h,以烧去残存的水分、乙醇及其他有机物,进一步提高铸型强度,然后合型(图 1 - 37(e))。

⑤浇注。浇注温度可略高,以便获得轮廓清晰的铸件(图 1 - 37(f))。

(2)陶瓷型铸造的特点及应用

①陶瓷型铸件的尺寸公差等级与表面质量高,与熔模铸造相似。主要原因是陶瓷型在弹性状态下起模,型腔尺寸不易变化,同时陶瓷型高温变形小。

②陶瓷型铸件的大小几乎不受限制,小到几千克,大到数吨。由于陶瓷材料耐高温,因此,用陶瓷型可以浇注合金钢、模具钢、不锈钢等高熔点合金。

③在单件、小批量生产条件下,需要的投资少、生产周期短,在一般铸造车间就可以实现。

陶瓷型铸造也有不足之处。它不适合大批量、质量轻或形状比较复杂的铸件;难以实现机械化和自动化生产;生产成本较高。

陶瓷型铸造目前主要用来生产各种大中型精密铸件,如冲模、热拉模、热锻模、热芯盒、压铸模、模板、玻璃器皿模等,可以浇注碳素钢、合金钢、模具钢、不锈钢、铸铁及有色合金铸件。

1.3.3　常用铸造方法的比较

各种铸造方法均具有各自的优缺点,都有一定的应用条件和范围。选择合适的铸造方法应从技术、经济和本厂生产的具体情况等方面进行综合分析和权衡,选择出一种在现有或可能的条件下,质量满足使用要求、成本最低的生产方法。几种常用铸造方法的特点及其适用范围见表 1 - 5。通常情况下,砂型铸造虽有不足,但其适应性最强,它仍然是目前最基本的铸造方法。特种铸造往往是在某种特定条件下,才能充分发挥其优越性。当铸件批量小时,砂型铸造的成本最低,几乎是熔模铸造的 1/10。金属型铸造和压力铸造的成本,随铸件批量加大而迅速下降,当批量超过 10 000 件以上时,压力铸造的成本反而最低。可以用一些技术经济指标来综合评价铸造技术的经济性,如表 1 - 6 所示,供选择铸造方法时参考。

表1-5 几种铸造方法的特点及其适用范围

铸造方法	合金	适于生产的铸件							工艺出品率①	毛坯利用率②	生产准备	生产率（一般机械化程度）	设备费用	应用举例
		质量	最小壁厚/mm	表面粗糙度 Ra/μm	尺寸公差等级 CT	形状特征	批量	内部组织						
砂型铸造	所有铸造合金	数克至数百吨	3.0	12.5~50	CT7~CT13	复杂成形铸件	单件 小批 中批 大批	粗	30%~50%	<70%	简单	低,中	低,中	各种铸件
金属型铸造	钢、铁 铝合金 镁合金 铜合金	数十克至几百千克	铝硅2.0 铝镍3.0 铸铁2.5	3.2~12.5	CT6~CT9	中等复杂成形铸件	中批 大批	细	40%~60%	70%	较复杂	中,高	中	发动机等零件,飞机、汽车、拖拉机零件,电器,家用机械零件等
压力铸造	锌合金 锡合金 铝合金 镁合金 铜合金	数克至数千克	0.3,最小孔径0.7,最小螺距0.75	1.6~12.5	CT4~CT8	复杂成形铸件	大批	表层细,内部多内孔	60%~80%	90%	复杂	高	高	汽车,拖拉机,计算机,电讯,仪表医疗器械日用五金,航天,航空工业零件等
熔模铸造	耐热合金 不锈钢 碳钢 钛合金 铝合金 其他合金	数克至数千克	约0.5,最小孔径0.5	1.6~12.5	CT4~CT7	复杂成形铸件	小批 中批 大批	粗	30%~60%	90%	复杂	低,中	中	刀具,发动机叶片,风动工具,汽车,拖拉机零件,计算机,工艺品等

表1-5(续)

铸造方法	合金	适于生产的铸件							工艺出品率①	毛坯利用率②	生产准备	生产率(一般机械化程度)	设备费用	应用举例
		质量	最小壁厚/mm	表面粗糙度 $Ra/\mu mm$	尺寸公差等级CT	形状特征	批量	内部组织						
离心铸造	铸钢、铸铁、铝合金、铜合金	数克至数十吨	最小内径8	1.6~12.5	CT6~CT9	特殊适用于管形铸件,也可铸中等复杂形状铸件	小批、中批、大批	细、缺陷少	75%~95%	70%~95%	复杂、中等复杂	中,高	高	各种套、环、管、筒是、辊、叶轮等
低压铸造③	钢、铁、铝合金、镁合金、铜合金	大件、小件	2	3.2~12.5	CT6~CT9	中等复杂成形铸件	小批、中批、大批	细	80%~90%	70%~80%	中等复杂	中	低	汽车、拖拉机、船舶、摩托车、发动机、机车车辆医疗器械、仪表零件
陶瓷型铸造	模具钢、碳素钢、合金钢	数百克至数吨	2	3.2~12.5	CT5~CT8	中等复杂成形铸件	单件、小批	粗	40%~60%	90%	较复杂	低	低	各类模具,如压铸模、金属型、冲压模、热锻模、塑料模等
连续铸造	铸钢、铸铁、铝合金、铜合金	数千克至数十吨	3~5	3.2~12.5	CT6~CT9	外形简单、截面相同的长铸件	大批	细	约90%	90%~100%	复杂	高	高	各种管、铸锭

注:①工艺出品率 $= \dfrac{铸件质量}{铸件质量+浇、冒口质量} \times 100\%$;

②毛坯利用率 $= \dfrac{零件质量}{铸件质量} \times 100\%$;

③差压铸造的各项内容与低压铸造相似,唯铸件是在更高的压力下凝固成形。

表 1 – 6　几种铸造方法技术经济指标对比

鉴定技术或经济指标	铸造方法				
	砂型	熔模	陶瓷型	金属型	压铸
尺寸无限制	1	4	2	2	5
可获得的铸件结构复杂程度	2	1	3	4	5
适用各种合金	1	1	1	4	5
工艺装备的价值	1	2	1	4	5
持续时间的掌握	1	3	4	2	5
最小的经济批量	1	2	1	4	5
随着批量扩大继续增加经济性	4	5	5	2	1
生产率(速度)	4	5	5	2	1
铸件表面粗糙度	5	2	2	4	1
薄壁的铸件	4	1	2	5	1
适宜的产量	4	2	4	3	1
尺寸精度	5	2	2	3	1
机械化和自动化的难易	5	4	5	1	1

1.4　砂型铸造工艺设计

　　铸件在生产之前,首先应编制出控制该铸件生产工艺过程的科学技术文件,即铸造工艺规程设计,简称铸造工艺设计。铸造工艺规程是生产的指导性文件,也是生产准备、管理和验收的依据。因此,铸造工艺设计的好坏,对铸件质量、生产率及成本起着很大的作用。

1.4.1　铸造工艺设计的依据、内容和程序

1. 设计依据

(1) 生产任务

　　铸造零件图纸,零件的技术要求(金属材料的牌号、金相组织、力学性能),铸件的尺寸及质量的允许偏差;产品数量及生产期限;其他特殊性能要求,零件在机器上的工作条件等。

(2) 车间生产能力

　　设备能力,原材料的应用情况和供应情况,工人技术水平和生产经验,模具等工艺装备制造车间的加工能力和生产经验等。

2. 铸造工艺设计的内容

　　铸造工艺设计一般内容:铸造工艺图,铸件(毛坯)图,铸型装配图(合箱图),工艺卡。广义地,铸造工艺装备设计也属于铸造工艺设计的内容,例如模样图、模板图、砂箱图、芯盒

图、压铁图、专用量具图及组合下芯夹具图等。

一般大量生产的定型产品、特殊重要的单件生产的铸件,其铸造工艺设计制订细致,内容涉及较多。单件、小批生产的一般性产品,铸造工艺设计的内容可以简化。在最简单的情况下,只拟绘一张铸造工艺图。

通常在进行铸造生产的准备时,其中最主要的内容是绘制铸造工艺图。铸造工艺图是在零件图上用各种工艺符号和文字将工艺方案的内容表示出来的一种图形。其中包括:铸件的浇注位置、分型面、浇注系统、冒口、冷铁、铸筋、型芯及其他工艺参数。铸造工艺图是进行生产准备、工艺操作、验收铸件和成本核算的依据。

1.4.2 浇注位置的选择

浇注位置是指浇注时铸件在铸型中所处的空间位置。浇注位置选择的正确与否,对铸件质量有很大影响,一般遵循下述原则。

1. 质量要求高的重要加工面、受力面应该朝下

铸件上的重要加工面、受力面等质量要求高的部分应该朝下。若工艺上难以实现,也应该尽量使这些部位处于侧面或斜面的位置。这是因为金属液中的气泡、夹渣等易上浮,使铸件上部位产生缺陷的机会比下部位多,另外,组织也不如下部位致密。

如图1-38所示的车床床身,导轨面是关键部位,不允许有铸造缺陷,并要求组织致密、均匀,故浇注时导轨面应该朝下。

如图1-39所示的内燃机汽缸套,由于要求组织致密,表面质量均匀一致,耐水压不渗漏,故多采用雨淋式浇注系统立浇方案,并在其上部增设一圈补缩、集渣冒口。

另外,铸件的宽大平面部分也应尽量朝下或倾斜浇注。这不仅可以减少大平面上的砂眼、气孔、夹渣等缺陷,还可以防止砂型上表面因长时间被烘烤而产生夹砂缺陷(图1-40)。这种方案虽必须使用吊芯,工艺麻烦,但却能保证质量。

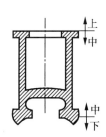

图1-38 车床床身的浇注位置

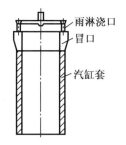

图1-39 内燃机汽缸套的浇注位置

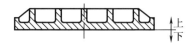

图1-40 平台类铸件的浇注位置

2. 厚大部分放在上面或侧面

对于收缩大而易产生缩孔的铸件,如壁厚不均匀的铸钢件、球墨铸铁件,应尽量将厚大部分放在上面或侧面,以便安放冒口进行补缩。如铸钢双排链轮采用这种浇注位置就容易保证质量(图1-41);对于收缩小的铸件(如灰铸铁)则可将较厚部分放在下面,依靠上面的金属液进行补缩(即"边浇注边补缩")(图1-42)。

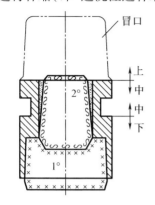

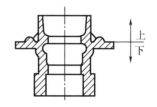

图1-41　铸钢双排链轮的浇注位置　　　　图1-42　收缩小的铸件的浇注位置

3. 大而薄的平面朝下,或侧立、倾斜

对于薄壁铸件,应将大而薄的平面朝下或侧立、倾斜,以防止浇不足、冷隔等缺陷。对于流动性差的合金尤其要注意这一点(图1-43(b))。

4. 应充分考虑型芯的定位、稳固和检验方便

对于有型芯的铸件,应考虑型芯的定位、稳固和检验方便。如图1-44所示的箱体,采用图1-44(a)的浇注位置,型芯只好吊在上型;采用图1-44(b)的浇注位置,型芯呈悬臂状态,这两种方案均不利于型芯的定位和稳固;采用图1-44(c)的浇注位置,芯头在下型,定位、固定均方便,下芯时也便于直接测量箱体的壁厚。

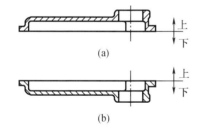

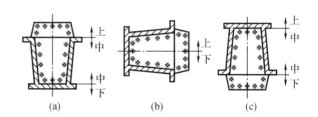

图1-43　曲轴箱的浇注位置　　　　　　图1-44　箱体的浇注位置
(a)不合理;(b)合理

1.4.3　分型面的选择

分型面是指铸型之间的结合面。铸型分型面选择的正确与否是铸造工艺合理性的关键之一。

如果选择不当,不仅影响铸件质量,而且还将使制模、造型、造芯、合型或清理,甚至机械加工等工序复杂化。分型面的选择主要以经济性为出发点,即在保证质量的前提下,尽量简化工艺过程,降低生产成本。选择时一般应遵循如下原则。

1. 便于起模

分型面应选择在铸件的最大截面处，以便于起模。尽量把铸件放在一个砂箱内，而且尽可能放在下箱，以方便下芯和检验，减少错箱和提高铸件精度。如图 1-45 所示联轴节零件，选(c)方案最合理。对于局部妨碍起模的凸起(或凹挡)，手工造型时可采用活块(或型芯)，机器造型时可用型芯代替活块。

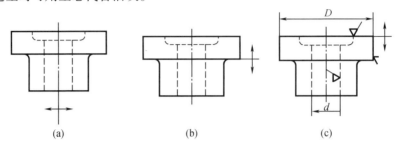

图 1-45 联轴节的分型方案

(a)分型面在轴对称面；(b)分型面在大小柱体交接面；(c)分型面在大端面

2. 减少分型面和活块的数量

应尽量减少分型面和活块的数量，这样就可以减少制造模样和造型的工作量，也易保证铸件的精度。特别是对于中小型铸件的机器造型，通常只能采用两箱造型，只允许有一个分型面，而且尽量不用活块，此时宁可用型芯来避免活块(图 1-46)和减少分型面(图 1-47)。

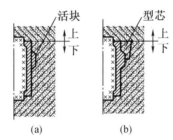

图 1-46 用型芯以避免活块

(a)带活块的方案；(b)用型芯来避免活块的方案

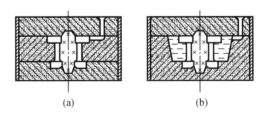

图 1-47 用型芯来减少分型面

(a)有两个分型面的方案；(b)用型芯来减少分型面的方案

应当指出，对于一些形状复杂的大中型铸件，由于影响分型面选择的因素较多，有时采用多个分型面反而可以简化铸型工艺，保证铸件质量。

3. 重要加工面应位于同一砂型中

应尽量使铸件的重要加工面或大部分加工面和加工基准面位于同一砂型中,以免产生错型、飞翅,否则难以保证铸件尺寸精度,也会增加清理的工作量。

如图1-48所示的箱体,若采用分型面Ⅰ,则铸件尺寸a,b变动较大,以箱体底面为基准面加工A,B面时,凸台的高度、铸件的壁厚均难以保证;若采用分型面Ⅱ,使铸件全部位于上型,则可避免上述问题。

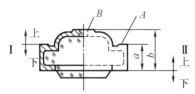

图1-48 箱体铸件分型方案的比较

Ⅰ—不正确;Ⅱ—正确

4. 尽量采用平直的分型面

应尽量采用平直的分型面,以简化造型操作和模样、模板的制造。如图1-49所示的起重臂铸件,采用分型面Ⅰ就不如用平直分型面Ⅱ更为合理。但在大量生产时,某些铸件也可采用非平直分型面(如折面、曲面)以减少分型面数量和清理工作量。如图1-50所示的摇臂铸件,采用分型面Ⅱ与分型面Ⅰ相比,可大大减少清理飞翅工作量,而且外形美观整齐。虽然工艺装备制造费用有所增加,但因是大量生产,总的说来还是经济的。

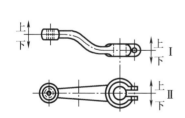

图1-49 起重臂铸件分型方案的比较

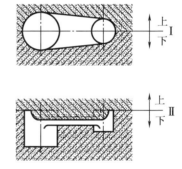

图1-50 摇臂铸件分型方案的比较

5. 减少砂芯数量,同时注意下芯、合型及检验的方便

应尽量减少型芯数量和便于下芯、合型及检验型芯位置。如图1-51所示的接头铸件,若采用分型面Ⅰ,则要使用型芯。以Ⅱ为分型面,则内孔的型芯可由上、下型上相应的凸起部分代替,实现"以型代芯",而且铸件外形整齐,易清理。

图1-52(a)所示箱体铸件分型面取在箱体开口处,整个铸件位于上型中,虽然下芯方便,但合型时无法检验型芯位置,易产生箱四周壁厚不均现象,所以不够合理,应改为如图1-52(b)所示的分型方案。

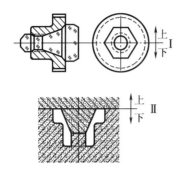

图1-51 接头铸件分型方案的比较

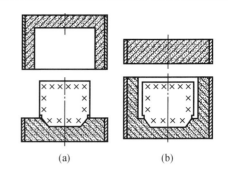

图1-52 箱体铸件分型方案的比较

1.4.4 铸造工艺参数的确定

铸造工艺参数包括铸件尺寸公差和质量公差、机械加工余量、铸造收缩率、起模斜度、最小铸出孔和槽、铸造圆角。在有些情况下,还有工艺补正量、分型负数、砂芯负数、反变形量等。

1. 铸件尺寸公差

铸件的尺寸公差是指铸件基本尺寸允许的变动量,代号为CT。铸件的尺寸公差由国家标准GB/T 6414—1999《铸件尺寸公差与机械加工余量》进行规定。铸件尺寸公差等级分为16级。从1级至16级,公差数值递增,可根据铸件基本尺寸查取。

2. 机械加工余量和铸孔

(1)机械加工余量

为了保证铸件加工面尺寸和零件精度,铸件要有机械加工余量。在铸造工艺设计时预先增加的、在机械加工时要切除的金属层厚度,称为机械加工余量。加工余量过大,不仅浪费金属,而且也切去了晶粒较细致、性能较好的铸件表层;余量过小,则达不到加工要求,影响产品质量。加工余量应根据铸造合金种类、造型方法、加工要求、铸件的形状和尺寸,以及浇注位置等来确定。铸钢件表面粗糙,其加工余量应比铸铁大些;非铁合金价格贵,铸件表面光洁,其加工余量应小些。机器造型的铸件精度比手工造型的高,加工余量可小些;铸件尺寸愈大,或加工表面处于浇注时的顶面时,其加工余量亦应愈大。

机械加工余量由国标GB/T 6414—1999《铸件尺寸公差与机械加工余量》进行规定。其等级由精到粗分为A,B,C,D,E,F,G,H,J和K共10个等级。确定机械加工余量前需要确定机械加工余量等级。

(2)最小铸出孔

铸件上较大的孔和沟槽,直接铸出可节约金属和加工工时,但对于较小的孔和沟槽来说,如果采用铸造来生成,就不见得是最经济合理的工艺了。最小铸出孔就是界定铸件上适合铸出的最小尺寸的孔,其数值可由铸造工艺手册查出。

3. 铸造收缩率

$$铸件线收缩率\ \varepsilon_1 = \frac{L_模 - L_件}{L_件} \times 100\%$$

铸件冷却后,因为合金的线收缩会使铸件尺寸变得比模样小一些,所以制造模样时其尺寸要比铸件放大一些。放大的比例主要根据铸件在实际条件下的线收缩率,即铸件线收缩率来确定。铸件的实际受阻收缩率与合金种类有关,同时还受铸件结构、尺寸、铸型种类等因素的影响。其数值可由铸造工艺手册查出。

4．起模斜度

为了在造型和造芯时便于起模,应该在模样或芯盒的起模方向上加上一定的斜度,即起模斜度,亦称为拔模斜度。若铸件本身没有足够的结构斜度,就要在铸造工艺设计时给出铸件的起模斜度。砂型铸造所用的起模斜度可采取增加铸件壁厚、加减铸件壁厚或减小铸件壁厚三种方式形成,如图 1 − 53 所示。

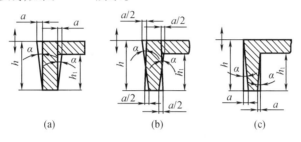

图 1 − 53　起模斜度

起模斜度在工艺图上用倾斜角度 α 表示,或用起模斜度使铸件增加或减少的尺寸 a 表示。起模斜度的大小应根据模样的高度、模样的尺寸和表面粗糙度,以及造型方法来确定,其数值可由铸造工艺手册查出。

5．铸造圆角

铸件上相邻两壁之间的交角,应做出铸造圆角,以防止在尖角处产生冲砂及裂纹等缺陷。圆角半径一般为相交两壁平均厚度的 $1/3 \sim 1/2$。

1.4.5　型芯的设计

型芯设计的主要内容包括确定型芯的形状和数量、芯头设计、芯内排气系统的设计等方面。这里仅介绍芯头的设计。

根据型芯所处的位置不同,芯头分为垂直芯头和水平芯头两大类(图 1 − 54 和图 1 − 55)。

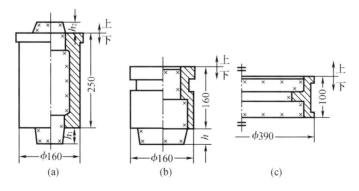

图 1 − 54　垂直芯头的形式

(a)具有上、下芯头；(b)只有下芯头；(c)无芯头

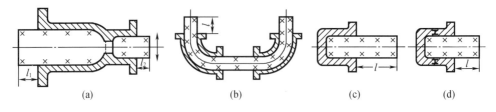

图 1-55　水平芯头的形式

垂直芯头一般都有上、下芯头(图 1-54(a))。为了型芯安放和固定的方便,下芯头要比上芯头高一些,斜度要小一些,并且要在芯头和芯座之间留一定间隙。截面较大、高度不大的型芯可只有下芯头或没有芯头,如图 1-54(b)(c)所示。水平芯头一般也有两个芯头,当型芯只有一个水平芯头,或虽有两个芯头仍然定位不稳定而易发生转动或倾斜时,还可采用联合芯头、加长或加大芯头、安放型芯撑支撑型芯等措施,如图 1-55 所示。

芯头的设计主要涉及芯头的长度、芯头斜度、芯头与芯座的安装间隙配合。各工艺参数的确定均可参考有关手册。

1.4.6　浇注系统的设计

浇注系统是为填充型腔和冒口而开设于铸型中的一系列通道,也叫浇口。一般包括外浇口、直浇道、横浇道和内浇道等。图 1-56 所示为常用的浇铸系统结构形式。但是,有些小型铸件所使用的浇注系统只有外浇口、直浇道和内浇道,而不用横浇道。

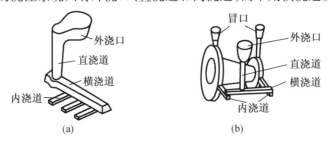

图 1-56　浇注系统的组成
(a)带盆形外浇口的浇注系统;(b)带漏斗形外浇口的浇注系统

1. 浇注系统的类型与应用

(1)按断面比例关系分类

浇注系统各浇道的截面积(用符号 A 表示)应有一定的比例关系,据此将浇注系统分为封闭式、开放式和半封闭式三种类型。

①封闭式:$A_直 > \sum A_横 > \sum A_内$,特点是挡渣能力强,但对铸型冲刷力大,适用于黑色金属的浇注。

②开放式:$A_直 < \sum A_横 < \sum A_内$,特点是充型平稳,但挡渣作用较差,适用于有色金属的浇注。

③半封闭式:$\sum A_内 < A_直 < \sum A_横$,作用介于上述两者之间。

对于大铸件、铸件上厚大的部位或收缩率大的合金铸件,凝固时收缩大,为使其能够及时得到金属液体的补充而增设补缩用的冒口、冷铁和补贴(图 1-57 和图 1-58)。冒口有明冒口和暗冒口两种。明冒口一般设在铸件的最高部位,同时具有排气、浮渣及观察浇铸情况等作用;暗冒口被埋在铸型中,由于散热较慢,补缩效果比明冒口好。冷铁是用来控制铸件凝固,使被激冷区的凝固时间缩短的激冷物。

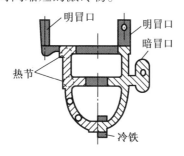

图 1-57 阀体铸件的冒口和冷铁位置

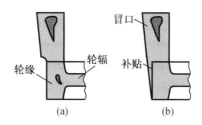

图 1-58 铸钢轮缘处采用冒口和补贴的方法加强补缩

(2)按内浇道在铸件上的注入位置分类

按内浇道位置来分有顶注式、中注式、底注式、阶梯式和圆形铸件切向导入等类型,图 1-59 是几种形式的浇注系统举例。

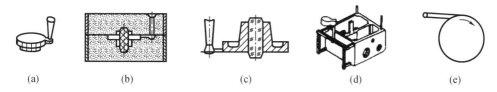

图 1-59 几种形式的浇注系统举例

(a)顶注式浇口;(b)中间注入式浇口;(c)底注式浇口;(d)阶梯式浇口;(e)切向导入式浇口

2. 浇注系统的设计与计算

浇注系统截面积目前尚没有完善的理论计算方法,生产中常利用各种图表和经验公式进行近似计算。具体应用时可以参考相关的手册。

1.4.7 铸造工艺图示例

1. 铸造工艺符号

表 1-7 为常用铸造工艺符号及表示方法。适用于砂型铸钢件、铸铁件及非铁合金铸件。

表 1-7 常用铸造工艺符号及表示方法(摘自 JB 2435—2013)

名称	工艺符号及表示方法	名称	工艺符号及表示方法
分型面	用红色细实线表示,并用红色写出"上、中、下"字样 两箱造型: 三箱造型: 示例:	分模面	用红色细实线表示,在任一端面画"<"符号 示例:
分型分模面	用红色细实线表示 示例:	机械加工余量	用红色细实线表示,在加工符号附近注明加工余量数值
不铸出孔和槽	不铸出的孔和槽用红色细实线画叉表示。	浇注系统位置与尺寸	用红色线或红色双线表示,并注明各部分尺寸 示例:
芯头斜度与芯头间隙	芯头边界用蓝色线表示,并注明斜度和间隔数值,有两个以上的型芯时,用"1#""2#"等标注,型芯应按下芯顺序编号。		

表 1 - 7(续)

名称	工艺符号及表示方法	名称	工艺符号及表示方法
活块	用两条细红色平行线表示活块位置,并注明:"活块"	型芯撑	用红色或蓝色表示

2. 铸造工艺图示例

以减速器箱座(见图 1 - 60,材质:HT200;生产批量:单件小批)为例,说明铸造工艺图的绘制步骤。

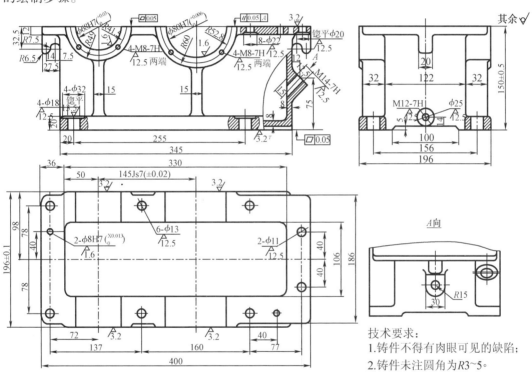

图 1 - 60　减速器箱座零件图

技术要求:
1.铸件不得有肉眼可见的缺陷;
2.铸件未注圆角为 R3~5。

(1)分析铸件质量要求和结构特点

该箱座是装配减速器的基准件,上面为剖分面,用定位销和螺栓与箱盖连接,内腔安装齿轮、轴和滚动轴承等,并贮存润滑油。其右端有一个带孔的斜凸台,供插入测量储油量的油针,下面还有一个放油孔凸台。底板下面设有铸槽,以减少加工面面积并可增强安装时的密合度。箱座上的加工面有剖分面、底面、轴承孔及其端面、斜凸台上的孔及其端面、放油孔螺纹及其端面、各定位销孔和螺栓孔等。其中的剖分面质量要求最高,加工后不得有缩松、气孔等铸造缺陷。

（2）选择造型方法

因生产数量少,故采用手工砂型造型。

（3）选择浇注位置和分型面

沿箱座高度方向分型。箱座截面为两端大、中间小,所以应有两个分型面,采用三箱造型。型腔全部在中型内,底板和其他部分制成分开模,可分别从中型的上下两面起模,如图1-61。

阻碍起模的斜凸台和放油孔凸台可制成活块模。底板下面的铸槽部分采用挖砂造型。可见此方案同时使用了三箱、分模、活块和挖砂四种造型方法。其优点是重要加工面(剖分面)朝下,能够保证质量,下芯方便且型芯支撑稳固。此方案仅适用于单件小批生产时的手工造型。

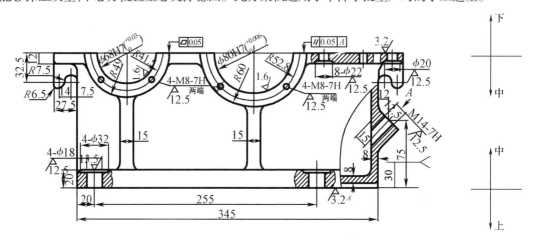

图1-61 减速器箱座的浇注位置和分型面的示意图

（4）加工余量及有关工艺参数的确定

此件有七处须留加工余量,根据 GB/T 6414—1999,CT13,RMA-H/G,查表得各处加工余量数值如图1-62所示,分别为 +4.5 mm, +5.5 mm, +7.0 mm。其他未注明的拔模斜度取1°,铸造圆角按相邻壁厚的1/5~1/3计算,应为3~5 mm。收缩率按1.2%考虑。

（5）型芯的设计

此件的半圆孔、空腔符合铸出条件,考虑此件的形状结构,可以用3个型芯铸出。而6个 $\phi13$、2个 $\phi11$、2个 $\phi8$、1个 M12、1个 M14 等的光孔和螺纹孔不符合铸出条件,用红色线叉掉,表示不铸出(图中画"×"处),留待以后切削加工制出(图1-63)。

（6）浇注系统设计

根据此件的分型结构特点和合金特点,采用完整的内-横-直浇注系统将合金液体引入铸型,同时可以考虑外加四个明冒口补缩(铸铁件一般不用冒口),如图1-64所示。

此件质量为24.1 kg,考虑浇冒口质量,按30%计算,总质量为31.3 kg,壁厚为10~15 mm,局部为8 mm,查表得 $\sum F_{内} = 4.0 \ cm^2$,$F_{内} = 2.0 \ cm^2$;按 $\sum F_{横} = 1.1 \sum F_{内}$ 计算,得 $F_{横} = 4.4 \ cm^2$,取为5.0 cm^2;按 $F_{直} = 1.15 \sum F_{内}$ 计算,得 $F_{直} = 4.6 \ cm^2$,算得 $D = 24.21 \ mm$,取整为 $D = 25 \ mm$;各部分浇道截面尺寸具体见图中 B—B,C—C,D—D 等。

（7）铸造工艺图的形成

将上述的处理结果形成铸造工艺图,按工艺图再分别形成模型图、芯盒图及铸型装配图,指导铸造生产和检验,获得铸件,如图 1 – 65 所示。

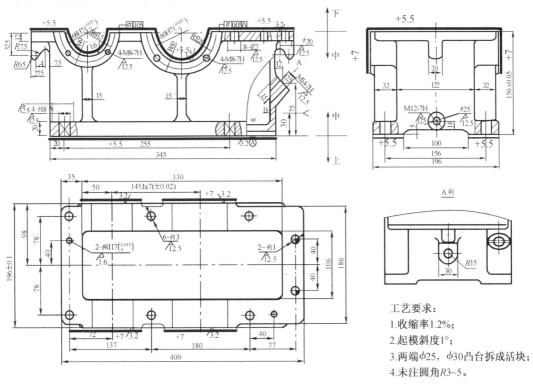

工艺要求:
1. 收缩率1.2%;
2. 起模斜度1°;
3. 两端φ25,φ30凸台拆成活块;
4. 未注圆角R3~5。

图 1 – 62　减速器箱座的工艺参数示意图

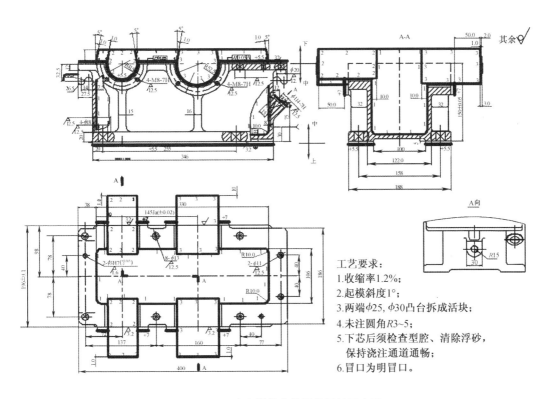

工艺要求:
1. 收缩率1.2%;
2. 起模斜度1°;
3. 两端φ25,φ30凸台拆成活块;
4. 未注圆角R3~5;
5. 下芯后须检查型腔、清除浮砂,
   保持浇注通道通畅;
6. 冒口为明冒口。

图 1 – 63　减速器箱座的型芯设计示意图

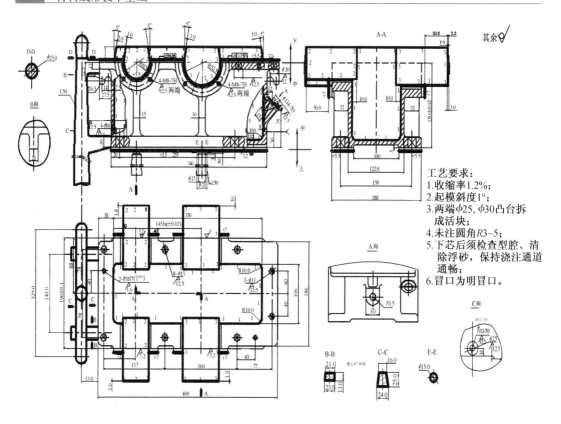

图1-64　减速器箱座的浇注系统设计示意图

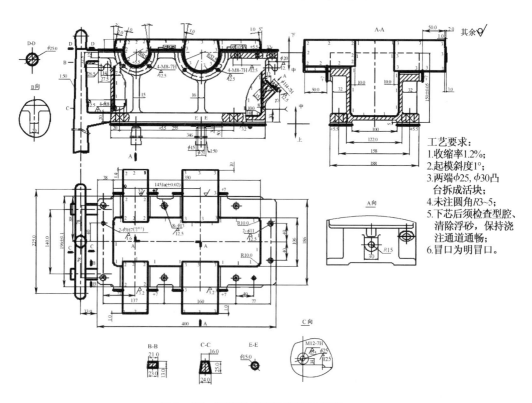

图1-65　减速器箱座的铸造工艺图

1.5　铸件结构工艺性

铸件的结构,除了考虑使用条件和性能要求以外,还必须考虑合金铸造性能的要求。铸件结构工艺性是指铸件的结构设计对铸造工艺过程的适应程度。良好的铸件结构工艺性能可以获得优质的铸件、简化铸造工艺、提高生产率、降低生产成本。

铸件结构工艺性是一个涉及多方面因素的综合性问题,与所用材料的铸造性能,铸件的质量要求、产量,铸造工艺,生产条件及后续加工工艺(机械加工、热处理、装配、运输等)都有直接关系。

1.5.1　合金铸造性能对铸件结构的要求

要获得优质铸件,在设计铸件的形状和各部分的尺寸时,必须充分注意合金的铸造性能及其结晶特点,不然则会造成金属材料的浪费、性能的降低,甚至出现废品。合金的铸造性能对铸件的结构有如下要求。

1. 铸件的壁厚应设计合理

确定铸件的壁厚时,一般应综合考虑三个方面:保证铸件所需的强度和刚度,尽可能节约金属,铸造时没有很大困难。

铸件的壁厚不能过小,铸造薄壁铸件时,此问题尤为突出。这是因为合金的流动性各有不同,导致不同合金在一定的铸造条件下所能浇注出铸件的最小壁厚也不同。所确定的铸件壁厚不应小于最小壁厚值,否则将难以保证充型,容易产生浇不足、冷隔缺陷。

最小壁厚的数值与合金种类、铸造方法、铸件大小和形状等因素有关。表1-8为砂型铸造时铸件最小壁厚的经验值。

表1-8　砂型铸造时铸件最小允许壁厚

单位:mm

铸件尺寸/(mm×mm)	铸钢	灰铸铁	球墨铸铁	可锻铸铁	铝合金	铜合金	镁合金
<200×200	6~8	5~6	6	4~5	3	3~5	4
200×200~500×500	10~12	6~10	12	5~8	4	6~8	6
>500×500	15~20	15~20			5~7		

注:铸件结构复杂、合金的流动性差时,取上限。

铸件壁厚也不宜过大。因为壁厚时,铸件的晶粒粗大而且容易产生缩孔、偏析等缺陷,从而使力学性能有所下降。各种铸造合金都存在一个临界壁厚。铸件壁厚超过这个临界值之后,其承载能力并不按比例地随着壁厚的增加而增加。据一些资料推荐,在砂型铸造时,各种合金铸件的临界壁厚值约为其最小壁厚的三倍。

为了提高零件的承载能力和刚度而不过分增加铸件的壁厚,应采用合理的截面形状,如图1-66所示。必要时还可采用加强筋的结构形式。铸件上的加强筋不仅能增加强度和刚度,减轻质量,而且还能起到防止裂纹、变形和缩孔的作用。有时为了改善充型和补缩条件,也可在铸件上设筋。图1-67所示平板(或具有宽大平面的)铸件,其特点是厚度小、尺寸大,浇注时产生图1-67(a)所示的漫流而不易充满型腔,经常出现冷隔、浇不足等缺陷。若增设几条筋(图1-67(b)),可使充型液流优先沿阻力小的筋流动,然后再均匀地充满平板的各个部分。

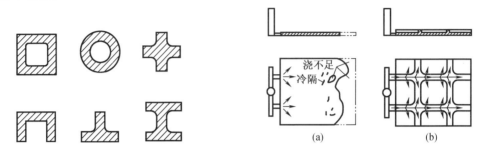

图1-66   铸造零件常用的截面形状   图1-67   平板铸件的结构设计

2. 铸件壁厚应尽量设计均匀

如果铸件壁厚不均匀,差别过大,则其各部位的冷却速度不同,会引起较大的铸造应力,使铸件产生变形和裂纹,同时在金属聚集的地方易形成热节,还可能出现缩孔。因此,铸件各部分的壁厚应尽量均匀一致。

如图1-68(a)所示,顶盖的原设计壁厚相差悬殊,图上注出了易产生缩孔和裂纹的位置。改进后(图1-68(b)),壁厚变得均匀,防止了缺陷的产生。

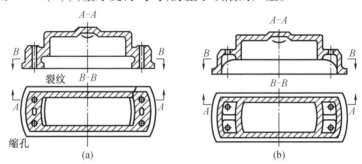

图1-68   顶盖的结构设计

在设计铸件的结构时,为了减少不必要的壁厚,筋条或拉筋设置应尽量减少交叉,以防止形成热节,具体措施如图1-69所示。

对于收缩大的合金或致密性要求高的铸件,则应按着有利于顺序凝固的原则来确定铸件的壁厚。如图1-70所示铸造合金钢壳体,原设计的壁厚均匀(图1-70(a)),但是由于冒口补缩距离有限,易在A处产生缩松,造成水压试验时渗漏。改为图1-70(b)所示结构,在壳体底部76 mm范围内保持均匀壁厚,由底部向上按1.5°～3°的角度将壁厚逐渐增大直到与法兰相接。这样就可保证壳体实现顺序凝固,消除了A处的缩松。

3. 铸件内壁应薄于外壁

铸件的内壁和筋的散热条件较差,为了达到同时凝固、冷却的目的,内壁应薄于外壁,从而使内、外壁均匀冷却,减小内应力,防止裂纹。在确定壁厚时,还应考虑各部位的散热条件。一般说来,铸件的外壁、内壁和筋的厚度之比大致为1:0.8:0.6。

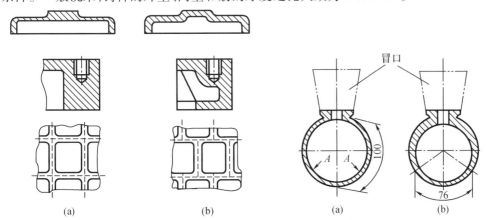

图1-69　壁厚尽可能均匀过渡

图1-70　铸造合金钢壳体的结构设计

图1-71所示为铸件内壁相对减薄的设计($B<A$)。图1-72所示的阀体铸件,若采用图1-72(a)所示的方案,内壁和外壁等厚,则凝固时,内壁易产生较大的铸造应力,从而在图示的部位容易产生裂纹。采用图1-72(b)的方案,内壁减薄后,阀体各部分均匀冷却,从而避免了裂纹的产生。

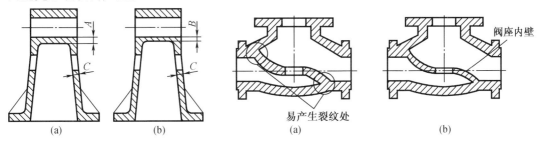

图1-71　铸件内壁薄于外壁

图1-72　阀体铸件的设计

4. 壁的连接形式应合理

铸件各部分的壁厚常常难以做到均匀一致,此时,在壁的连接处应避免壁厚的突变,厚、薄壁连接处应采用逐渐过渡的形式。表1-9为几种铸件壁的连接形式和有关尺寸。

表1-9　几种铸件壁的过渡形式及相关尺寸

图例	尺寸		
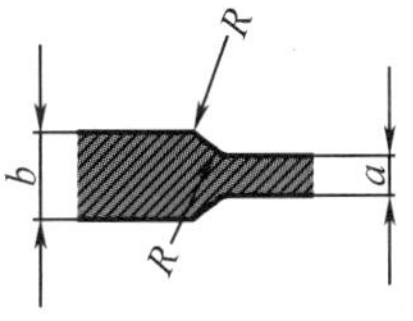	$b \leqslant 2a$	铸铁	$R \geqslant (1/6 \sim 1/3)(a+b)/2$
		铸钢	$R \approx (a+b)/4$

表 1−9(续)

图例	尺寸		
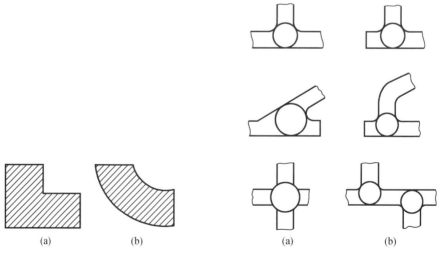	$b>2a$	铸铁	$L>4(b-a)$
		铸钢	$L\approx5(b-a)$
	$b\leqslant2a$		$R\geqslant(1/6\sim1/3)(a+b)/2$ $R_1\geqslant R+(a+b)/2$
	$b>2a$		$R\geqslant(1/6\sim1/3)(a+b)/2$ $R_1\geqslant R+(a+b)/2$ $c\approx3(b-a)^{1/2}$ 对于铸铁:$h\geqslant4c$;对于铸钢:$h\geqslant5c$

由表 1−9 可知,相邻两壁厚度差别不大时,可采用圆弧过渡形式。因为在铸件壁直角相交处会形成晶间脆弱面,并且该处形成金属聚集而易产生缩孔,加上该处会产生应力集中现象(图 1−73(a)),所以容易产生裂纹导致破坏。改为圆弧过渡(图 1−73(b)),即可克服上述缺点。因此,设计铸件结构时,壁的转角及壁的连接处均应有结构圆角。当相邻壁厚度差别很大时,仅有圆角还不够,还必须有壁厚渐变的过渡段(如表 1−14 中的 L 和 h)。铸件的收缩越大,过渡段应越长。

另外还应尽量避免壁的锐角连接和交叉(图 1−74),以减小金属聚集和应力集中程度。

图 1−73　铸件转角处结晶示意图

(a)直角;(b)圆弧

图 1−74　锐角连接和交叉连接结构的改进

(a)不合理;(b)合理

图 1-75 所示为某铸钢件结构设计实例。改进前,该铸件在使用过程中,因为壁与壁为垂直连接,该处易发生应力集中而产生裂纹(图 1-75(a)),改进后,如图 1-75(b)的结构形式,裂纹可以避免。

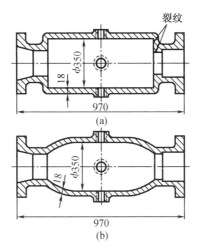

图 1-75　铸钢件结构设计的改进

(a)改进前;(b)改进后

5. 避免受阻收缩,以免铸造应力过大而产生裂纹

图 1-76 所示皮带轮铸件,从模样制作方便考虑,将轮辐设计成直的(图 1-76(a))。但铸件收缩大时,可将轮辐改成辐板带孔式(图 1-76(b))或弯曲的(图 1-76(c)),这样可以借轮辐的微量变形减小铸造应力,避免轮辐被拉裂。

6. 避免大的水平面

在浇注时,如果型腔内有较大的水平结构存在,当金属液上升到该水平面时,由于截面突然扩大,上升速度马上变慢,灼热的金属液较长时间烘烤该结构的顶部平面,极易造成夹砂和浇不足等缺陷,同时也不利于夹杂物和气泡的排出。因此,在不影响零件使用的前提下,应该尽量将该处的平面结构改成倾斜结构。罩壳的原设计(图 1-77(a))因大平面在浇注时处于水平位置,金属液中的气体和夹杂物容易滞留在该处形成气孔和夹渣,而且也易产生夹砂缺陷。若改成图 1-77(b)所示结构,浇注时金属液沿斜面上升,则可避免上述铸造缺陷。

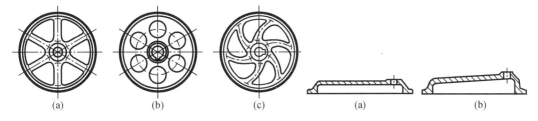

图 1-76　轮辐的结构设计　　　　　**图 1-77　罩壳铸件的结构设计**

图 1-78 所示为轮形铸件辐板的设计,采用图 1-78(b)所示的方案,较易获得优质铸件。图 1-79 所示为避免大平面的结构设计,图 1-79(b)所示的方案较为合理。

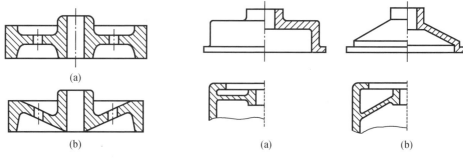

图 1-78 轮形铸件辐板的设计　　　　图 1-79 避免大平面的铸件结构设计

(a)不合理;(b)合理　　　　　　　　　　　(a)不合理;(b)合理

1.5.2　铸造工艺对铸件结构的要求

铸件的结构在保证使用性能的前提下,应尽量使铸造工艺过程简化,以利于提高生产率和降低成本。

1. 尽量使分型面简单且数量最少

摇臂铸件的原设计如图 1-80(a)所示,造型时只能采用不平的分型面,必须挖砂才能起模;改为图 1-80(b)结构,三个孔的中心距不变,但分型面可变为平面,简化了造型工艺,提高了生产率。

套筒铸件的原设计如图 1-81(a)所示,必须采用如图 1-81(c)所示的三箱造型;生产量大时,改为如图 1-81(d)所示的整模两箱造型,但要增加一个环形外型芯。如将结构改为图 1-81(b)的设计,只采用普通的两箱造型即可(图 1-81(e))。

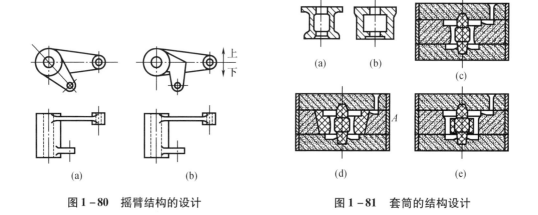

图 1-80　摇臂结构的设计　　　　　图 1-81　套筒的结构设计

2. 尽量减少活块和型芯的数量

发动机油箱结构如图 1-82(a)所示,散热筋片与其连接的铸件表面呈放射状,致使部分筋片与分型面不垂直,只好采用活块(或型芯)造型,使工艺复杂化。若改为图 1-82(b)结构,使筋片全部垂直于分型面,则可顺利起模,避免了活块。

托架的原设计如图 1-83(a)所示,则造型时 A 处需用型芯。若改为图 1-83(b)结构,不但省去了型芯,还增加了托架的刚度。

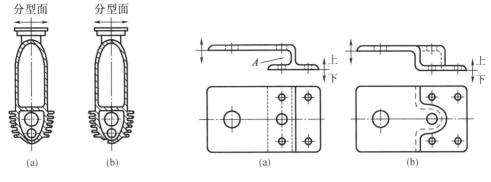

图 1-82　发动机油箱散热筋片的设计

图 1-83　托架的结构设计

如图 1-84 所示,铸件垂直于分型面的侧壁上的凸台若采用图 1-84(a)的设计,将妨碍起模,必须用活块或型芯。当凸台中心与水平壁的距离较小时,可将凸台延伸至水平壁(图 1-84(b)),使问题得以解决。

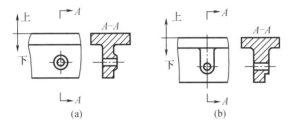

图 1-84　铸件垂直壁上凸台的设计

凸台间距离较小时,可将分散的凸台(图 1-85(a))设计成一个整体(图 1-85(b)),以解决 A,B 凸台妨碍起模的问题。

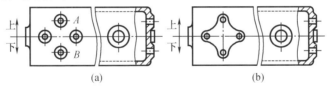

图 1-85　分散凸台的改进

图 1-86 所示铸件,原设计(图 1-86(a))都需型芯和外型芯来成形,如改为图 1-86(b)结构,则可采用"以型代芯"的方法,简化造型工艺。

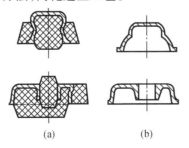

图 1-86　铸件外形及内腔结构的改进

轴承架的原设计如图 1-87(a)所示,需要两个型芯。如果强度和刚度能满足要求,将箱形断面改为工字形断面(图 1-87(b)),则可少用一个型芯。如果允许将轴承孔旋转 90° (图 1-87(c)),则两个型芯均可省去。

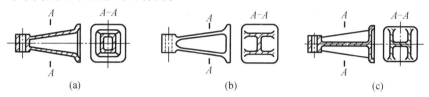

图 1-87   轴承架的结构设计

3. 使用型芯时,应尽量便于下芯、固定、排气和清理

图 1-88(a)所示轴承座,型芯处于不稳定的悬臂状态,虽可用型芯撑辅助固定,但稳定性仍不够好。若在其侧壁增加两个孔(图 1-88(b)的孔 A,这种从工艺角度出发而开设的孔称为工艺孔,若在使用要求上不允许工艺孔存在,可在机械加工时用螺钉、螺栓或其他方法堵住),就相应增加了两个芯头,可使型芯固定很牢靠,同时型芯内气体可由三个芯头排出,清理芯砂也变得方便。

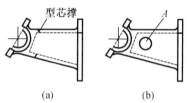

图 1-88   轴承座的结构设计

在设计中也可通过将几个互不相通的内腔打通而连成整体的办法来增加型芯的稳定性,改善型芯排气和清理条件。如图 1-89 所示的轴承座,将设计由图 1-89(a)改为图 1-89(b),便可达到上述目的。

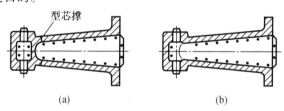

图 1-89   轴承座结构的改进

4. 结构斜度

铸件上垂直于分型面的非加工表面最好具有结构斜度,这可以方便起模,提高铸件精度,同时有利于"以型代芯",简化造型工艺。图 1-90 所示缝纫机边脚的侧边均设有 30°左右的结构斜度,故沟槽部分不需型芯,起模方便,而且铸件光洁、美观。

铸件的结构斜度与起模斜度都方便起模,但二者有所不同。前者设置在非加工表面,斜度较大,由设计者在零件图上直接标出;后者设置在加工面上,斜度较小,由工艺人员在制定铸造工艺时给出(图 1-91)。

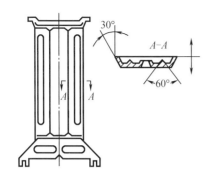

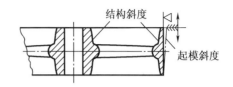

图 1-90　缝纫机边脚铸件的结构斜度　　　　　图 1-91　结构斜度和起模斜度

5. 复杂铸件的分体铸造以及简单小铸件的联合铸造

将大铸件或形状复杂的铸件设计成几个较小的铸件,经机械加工后,再用焊接或螺栓、螺钉连接等方法将其组合成整体。其优点如下:

① 能有效解决铸造熔化设备、起重运输设备能力和场地等不足的问题,实现以小设备能力制造大型铸件的目的;

② 易于做到结构合理,简化铸造工艺,保证铸件质量,铸件各部分还可根据使用要求用不同材料铸造;

③ 易于解决整铸时切削加工工艺或设备上的某些困难。

图 1-92 所示的铸钢底座,为方便铸造分成两半单独铸造,铸造后焊接成整体。如图 1-93(a)所示,原来砂型铸造件,因内腔采用砂芯,故铸造并无困难;但改为压铸件时,既难出型,也无法抽芯,因而无法压铸这个铸件。若改成图 1-93(b)所示的两件组合,则出型和抽芯均可顺利进行。

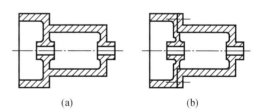

图 1-92　底座的铸焊结构　　　　　图 1-93　砂型铸件改为压铸件时的结构改变

图 1-94(a)所示的整铸床身铸件,形状复杂,工艺难度大。其可采用图 1-94(b)所示的方案,分成两个铸件,铸造成形后,再用螺钉装配起来。

当零件上各部分存在对耐磨、导电或绝缘等不同的性能要求时,常采用分体铸造结构。分开铸造后,再镶铸成一体,如图 1-95 所示。

利用熔模及气化模等成形工艺不需起模,并能铸出复杂铸件的特点,可将原需加工装配的组合件改为整铸件,以简化制造过程,提高生产效率,并方便使用。例如图 1-96 所示为车床上的摇手柄由加工装配结构(图 1-96(a))改为熔模铸造成形的整铸结构(图 1-96(b))。

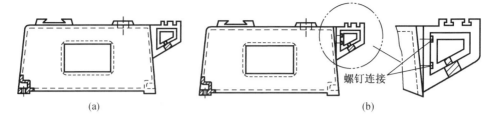

图 1-94 机械连接的组合床身铸件

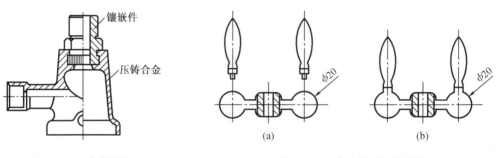

图 1-95 镶嵌铸件

图 1-96 车床摇手柄的设计

(a)原设计(加工装配);(b)改进设计(整铸)

1.5.3 铸造方法对铸件结构的要求

设计铸件结构时,除了要适应铸造工艺和铸造合金方面的要求以外,还要考虑所采用的铸造方法对铸件结构的特殊要求。

1. 熔模铸件的结构要求

(1)蜡模和型芯应便于取出

应便于从压型中取出蜡模和型芯。图 1-97(a)所示结构由于带孔凸台朝内,注蜡后无法从压型中抽出型芯,改为图 1-97(b)所示结构,则克服了上述缺点。

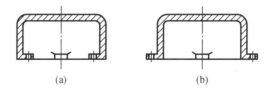

图 1-97 熔模铸件的结构设计

(2)便于浸渍涂料和撒砂

为了便于浸渍涂料和撒砂,孔、槽不宜过小或过深,通常孔径应大于 2 mm。通孔时,孔深/孔径小于 4~6 mm;盲孔时,孔深/孔径小于或等于 2 mm。槽深为槽宽的 2~6 倍,槽宽应大于 2 mm。

(3)满足顺序凝固的要求

壁厚应尽可能满足顺序凝固要求,不要有分散的热节,以便利用浇口进行补缩。

（4）避免有大平面

因熔模型壳的高温强度低、易变形，而平板型壳的变形尤其，故熔模铸件应尽量避免有大平面。为防止上述变形，可在大平面上设工艺孔或工艺筋，以增加型壳的刚度（图1-98）。

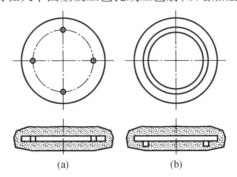

图1-98　熔模铸件平面上的工艺孔和工艺筋
（a）工艺孔；（b）工艺筋

2. 金属型铸件的结构要求

（1）外形和内腔要简单

铸件的外形和内腔应尽量简单，尽可能加大铸件的结构斜度，避免采用直径过小或过深的孔，以便铸件从金属型中取出，以及尽可能地采用金属型芯。图1-99（a）所示铸件，其内腔内大外小，而18 mm孔过深，金属型芯难以抽出。在不影响使用的条件下，改成图1-99（b）所示结构，增大内腔结构斜度，减小孔深，则金属芯抽出顺利。

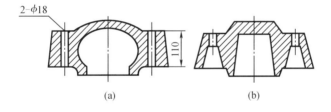

图1-99　铸件结构与抽芯机构

（2）壁厚差不能太大

铸件的壁厚差别不能太大，以防出现缩松或裂纹。同时为防止浇不足、冷隔等缺陷，铸件的壁厚不能太薄。如铝合金铸件的最小壁厚为2～4 mm。

3. 压铸件的结构要求

压铸件的外形应便于铸件从压铸型中取出，内腔也不应使金属型芯抽出困难，因此要尽量消除侧凹。在无法避免而必须采用型芯的情况下，至少应便于抽芯，以便压铸件从压铸型顺利地取出。图1-100为压铸件的两种设计方案。图1-100（a）所示的结构因侧凹朝内，无法抽芯。改为图1-100（b）所示结构后，使侧凹朝外，按箭头方向抽出外型芯后，便可从压铸型的分型面取出压铸件。

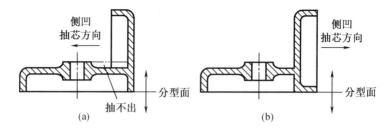

图1-100 压铸件的结构设计

压铸件壁厚应尽量均匀一致,且不宜太厚。对厚壁压铸件,应采用加强筋减小壁厚,以防壁厚处产生缩孔和气孔。充分发挥镶嵌件的优越性,以便制出复杂件,改善压铸件局部性能和简化装配工艺。

复习思考题

1.简述铸件形成过程中发生的物理化学变化。

2.什么是熔融合金的充型能力,它与合金的流动性有什么关系,它受哪些因素的影响?

3.铸件的凝固方式有几种,它受哪些因素的影响?

4.拟生产一批小铸件,力学性能要求不高,但要求愈薄愈好,试分析如何提高流动性。

5.常见的铸造缺陷有哪些,其产生原因是什么? 生产中常采用哪些措施进行预防或消除?

6.比较灰铸铁、球墨铸铁、铸钢、锡青铜、铝硅合金的铸造性能。

7.题图1-1所示为两个尺寸不全相同的轮类灰铸铁件,试分析这两种铸件在浇注冷却收缩后,轮缘和轮辐处的残余应力状态,并估计可能产生冷裂的部位。

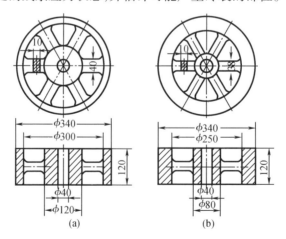

题图1-1 轮类灰铸铁件

(a)皮带轮;(b)飞轮

8.下列铸件在大批量生产时宜采用什么铸造方法?

车床床身、摩托车发动机壳体、铝合金活塞、汽轮机叶片、柴油机缸套、大口径铸铁管、大模数齿轮滚刀、缝纫机头。

9.试说明重力金属型铸造、压力铸造、熔模铸造等方法与砂型铸造的主要区别。

10.举例说明设计铸件结构时,除了应满足使用功能的要求之外,还应考虑哪些问题?

11.确定题图1-2~题图1-7所示铸件的铸造工艺方案。要求如下:①按单件小批生产和大批大量生产两种生产条件,分析确定最佳方案;②按所选方案绘制铸造工艺图(包括浇注位置、分型面、分模面、型芯及浇注系统等)。

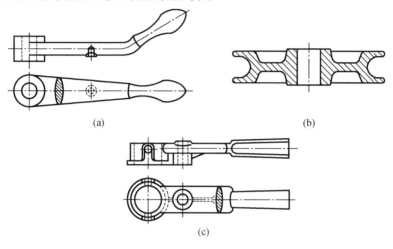

(a)　　　　　　　　　　　　　　　　　　(b)

(c)

题图1-2

(a)手柄;(b)槽轮;(c)手柄

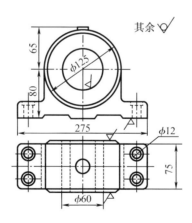

题图1-3　轴承座

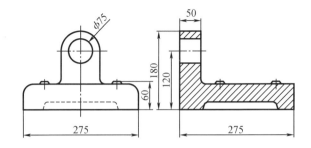

题图 1-4 底座(图中次要尺寸从略)

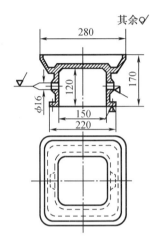

题图 1-5 方拖

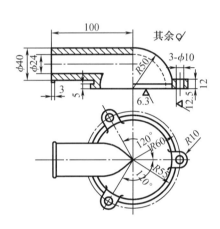

题图 1-6 节温器盖

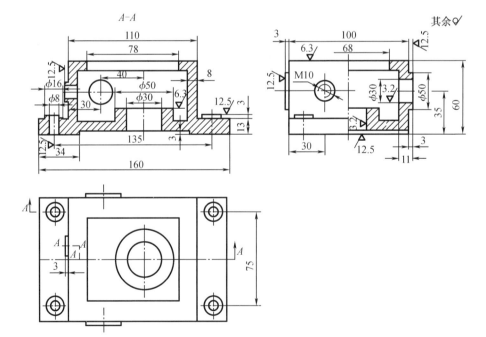

题图 1-7 变速箱体

12. 题图1-8所示的铸件结构有哪些工艺性不合理的地方,怎样进行修改?

13. 在设计铸件壁厚时应注意哪些问题? 为何要规定铸件的最小壁厚? 灰铸铁件壁厚过大或过小会出现什么问题?

14. 确定题图1-9中所示各铸件的分型面,修改结构不合理的地方,并说明理由。

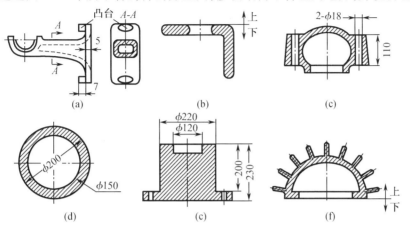

(a)   (b)   (c)

(d)   (e)   (f)

题图1-8 设计不良的铸件结构

(a)轴托架;(b)角架;(c)圆盖;(d)空心球;(e)支座;(f)压缩机缸盖

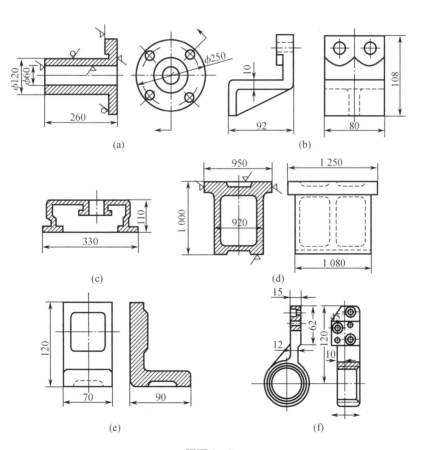

(a)   (b)

(c)   (d)

(e)   (f)

题图1-9

第2章 塑性成形技术

金属塑性成形是指利用金属的塑性,在外力的作用下,通过模具(或工具)使简单形状的坯料成形为所需形状和尺寸的工件(或毛坯)的加工技术,在工业生产中,也被称为塑性加工或压力加工。金属材料通过冶炼、铸造,获得铸锭后,可通过塑性加工的方法获得具有一定形状、尺寸和力学性能的型材、板材、管材或线材,以及零件毛坯或零件。常用的塑性加工方法有锻造、冲压、轧制、拉拔和挤压等。

金属在承受塑性加工时,产生塑性变形,宏观上改变了材料的形状和尺寸;微观上改变了金属的组织结构。金属的塑性变形对材料的性能也会产生重要的影响,是金属材料重要的强化手段。金属塑性成形特点:

1. 金属塑性成形是保持金属整体性的前提下,依靠塑性变形发生物质转移来实现工件形状和尺寸变化的,不会产生切屑,因而材料的利用率高得多。

2. 塑性成形过程中,除尺寸和形状发生改变外,金属的组织、性能也能得到改善和提高,尤其对于铸造坯,经过塑性加工将使其结构致密、粗晶破碎细化和均匀化,从而使性能提高。此外,塑性流动所产生的流线也能使其性能得到改善。

3. 塑性成形过程便于实现生产过程的连续化、自动化,适于大批量生产,因而劳动生产率高。

4. 塑性成形产品的尺寸精度和表面质量高。很多精密的塑性加工方法,可以不经过切削加工直接生产出零件,实现无屑加工,大量节省材料。

5. 设备较庞大,能耗较高。

塑性加工被广泛应用于工业生产的各个领域,如机械制造、军工、航空、轻工、家用电器等行业,在现代工业中占有非常重要的地位。

2.1 金属塑性成形理论基础

塑性是指金属材料在载荷外力的作用下,产生永久变形(塑性变形)而不被破坏的能力,是金属的一种重要的加工性能。塑性好的材料,它能在较大的宏观范围内产生塑性变形,并在塑性变形的同时使金属材料因塑性变形而强化,从而提高材料的强度,保证了零件的安全使用。以下将从原子的角度分析金属的塑性变形是如何发生的。

2.1.1 单晶体的塑性变形

实验表明,单晶体的塑性变形主要是通过滑移变形和孪生变形两种方式进行的,其中滑移是最主要的变形方式,也是金属塑性变形最常见的一种方式。

1.滑移变形

(1)滑移的基本定义

滑移即在切应力的作用下,晶体的一部分沿一定的晶面和晶向相对于另一部分产生滑动,滑移的距离是滑移方向上原子间距的整数倍,使大量原子从一个平衡位置滑移到另一个平衡位置,最终导致晶体产生宏观的塑性变形。这一晶面和晶向分别称为滑移面和滑移方向。

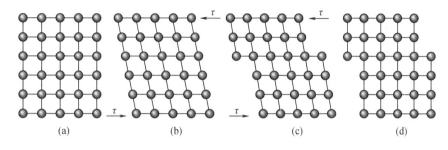

图 2 – 1 单晶体滑移变形示意图
(a)变形前;(b)弹性变形;(c)弹塑性变形;(d)塑性变形

滑移主要发生在原子排列最紧密或较紧密的晶面上,并沿着这些晶面上原子排列最紧密的方向进行,因为只有在最密排晶面之间的面间距及最密排晶向之间的原子间距才最大,原子结合力也最弱,所以在最小的切应力下便能引起它们之间的相对滑移。晶体中每个滑移面和该面上的一个滑移方向组成一个滑移系。晶体中的滑移系越多,意味着其塑性越好。具有体心和面心立方晶格的金属,如铁、铝、铜、铬等,在通常情况下都以滑移方式变形,它们的塑性比具有密排六方晶格的金属好得多,这是由于前者的滑移系多,金属发生滑移的可能性大所致。

(2)位错

单晶体的滑移是在切应力的作用下进行的。当金属所受的切应力不大时,晶体只产生弹性变形,而当作用在某一滑移系上的切应力达到某一临界值时,滑移便沿此滑移系发生。这一临界值便称为临界分切应力,以 τ_k 表示。如果晶体中没有任何缺陷,原子排列得非常整齐时,经理论计算得到的临界切应力在 1 000 MPa ~ 10 000 MPa 之间,但一般材料的实际临界切应力在 1 MPa ~ 100 MPa 之间,即理论计算的临界切应力比实验得到的要高一千倍以上。对这一矛盾现象的研究,导致了位错学说的诞生。理论和实验都已证明,在实际晶体中存在着位错。位错是晶体中的一种线缺陷,是在晶体中某处有一列或若干列原子发生了有规律的错排现象。位错是一种极为重要的晶体缺陷,它对金属的强度、断裂和塑性变形等起着决定性的作用,滑移实际上是位错在切应力作用下运动的结果。位错的种类很多,下面介绍最简单、最基本的刃型位错。

刃型位错是晶体中的原子面发生了局部的错排引起的,其模型如图 2 – 2 所示。在规则排列的晶体中间错排了半列多余的原子面,犹如一把锋利的钢刀将晶体上半部分切开,沿切口加塞了一额外半原子面一样,将刃口处的原子列称为刃型位错线。

晶体发生滑移时,变形实际上不是晶体内两部分彼此以刚性的整体相对滑动,而是在切应力的作用下通过滑移面上的位错运动进行的,是在位错中心附近的少数原子发生了移动。当一个位错移到晶体表面时,便形成了一个原子间距的滑移量,即产生了塑性变形,如图 2-3 所示。

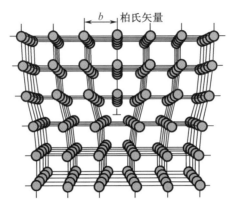

图 2-2　刃型位错示意图

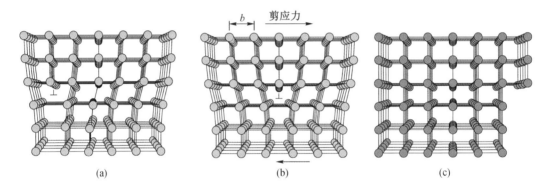

(a)　　　　　　　　　　　(b)　　　　　　　　　　　(c)

图 2-3　刃型位错运动造成滑移的示意图

(a)未变形;(b)位错移动;(c)产生滑移

2. 孪生

单晶体的塑性变形,除滑移变形外还存在另一种形式的变形,就是孪生变形,也称孪生或机械孪生。孪生变形是晶体的一部分对应于一定的晶面(孪晶面)沿一定方向进行相对移动,原子移动的距离与原子离开孪晶面的距离成正比。

孪生变形过程进行得非常快,几乎接近音速,并发出一种碎裂的声音。与滑移相似,孪生变形也是在切应力的作用下发生的,但孪生所需的临界切应力远远高于滑移时的临界切应力,因此,只有在滑移很难进行的条件下晶体才发生孪生变形。若单晶体的位向不利于滑移时,便发生孪生变形,使得变形时所需的切应力迅速升高,可是经过一定的孪生变形后将会造成晶体位向的变化,又使得某些滑移系处于有利的位向,于是又开始了滑移变形,这时滑移变形所需的切应力也下降。

2.1.2 多晶体的塑性变形

金属材料绝大多数是多晶体,多晶体是由许多形状、大小、位向不一致的晶粒组成的,晶粒之间相互结合的界面叫晶界。每个晶粒可看成是一个单晶体。多晶体的塑性变形也是通过滑移或孪生变形的方式进行的,但是在多晶体中,晶粒之间的晶界处原子排列不规则,而且往往还有杂质原子处于其间,又由于有晶界的作用,这使多晶体的变形更为复杂。多晶体的塑性变形包括各个单晶体的塑性变形(称为晶内变形)和各晶粒之间的变形(称为晶间变形)。晶内变形主要是滑移变形,而晶间变形则包括各晶粒之间的滑动和转动变形。通常情况下的塑性变形主要是晶内变形,当变形量特别大(尤其是超塑性变形)时,晶间变形占主导地位。

多晶体塑性变形的特点:

1. 变形不均匀性

由于晶粒有各种位向和受晶界的约束,各晶粒的变形先后不一致,晶粒的变形程度也不同,且在同一晶粒内部的变形也是不均匀的。变形首先从那些处于有利位向的晶粒中进行。

2. 晶界阻碍作用

多晶体中,晶界抵抗塑性变形的能力较晶粒本身要大。在这些晶粒内,位错沿位向最有利的滑移面运动,移到晶界处即停止,一般不能直接穿过晶界,滑移不能直接延续到相邻晶粒,于是位错在晶界处受阻,形成平面塞积群。位错平面塞积群在其前沿附近区域造成很大的应力集中。随着所加载荷的增大,应力集中也增大,最后将促使相邻晶粒陆续开始塑性变形。晶界原子排列越紊乱,滑移抗力就越大。

3. 细晶强化

金属的晶粒越细,晶界面积越大,为使滑移在相邻晶粒之间传播就必须施加更大的外力,消耗更多的能量,其变形抗力也就越大。另外,晶粒越细,在一定体积内的晶粒数目越多,参与变形的晶粒数目也越多,在同样变形量下,变形分散在更多的晶粒内进行,变形越均匀,故塑性越好,而金属在断裂前消耗的功也大,因而其韧性也比较好。在实际生产中通常希望获得细小而均匀的晶粒组织,使材料具有良好的综合机械性能。工业上通过压力加工和热处理工艺使金属获得均匀细小的晶粒,是目前提高金属材料机械性能的有效途径之一。这种通过细化晶粒以提高金属强度的方法称为细晶强化。细晶强化在提高材料强度的同时也使材料的塑性和韧性得到改善,这是其他强化方法所不能比拟的。

2.1.3　金属塑性变形后的组织和性能

塑性变形不但可以改变金属材料的外形和尺寸,而且会使金属内部组织和各种性能等发生变化。

1. 塑性变形对金属组织结构的影响

多晶体经冷塑性变形后,金属内部组织将发生如下变化:

(1)晶粒沿变形最大的方向被拉长,晶粒由多边形变为扁平形或长条形,当变形量很大时,各晶粒可以被拉成纤维状(图 2 - 4);

(2)晶粒碎化成亚晶块(亚晶粒),塑性变形伴随着大量位错产生,由于位错交互作用,使晶粒"碎化"成许多位向略有差异的亚晶块(或称亚晶粒);

(3)产生形变织构,金属塑性变形量足够大(70% 以上)时,还会使晶粒发生转动,即各晶粒的某一晶向都不同程度地转到与外力相近的方向,从而使多晶体中原来任意位向的各晶粒取得接近于一致的位向,形成所谓"择优取向",这种组织称为形变织构。金属中变形织构的形成,会使它的力学性能、物理性能等明显地出现各向异性,所以对材料的工艺性能和使用都有很大影响。

冲压复杂形状零件(如汽车覆盖件等)时,产生不均匀塑性变形而可能导致工件报废。但在某些情况下,可以利用织构现象来提高硅钢板的某一方向的磁导率,使其在用于制造变压器铁芯时使变压器的效率大大提高。

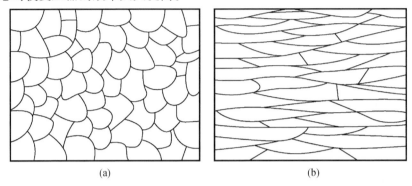

(a)　　　　　　　　　　　　　　(b)

图 2－4　低碳钢冷塑性变形后的组织(变形量为 70%)

(a)变形前;(b)变形后

2. 塑性变形对金属性能的影响

(1)对金属机械性能的影响

金属材料在再结晶温度以下塑性变形时,随变形程度增大,金属的强度、硬度提高,而塑性和韧性下降,这一现象称为加工硬化。金属发生塑性变形时,由于位错密度增加,位错间的交互作用增强,相互缠结,造成位错运动阻力的增大,引起塑性变形抗力提高。而金属塑性变形中,晶粒沿变形方向拉长而造成晶粒变形和晶格扭曲,也使滑移变形阻力增大;另一方面,由于晶粒破碎细化,使强度得以提高。加工硬化是有双重作用的,不利的一面是变形抗力增大,动力消耗增大,同时脆性断裂危险性也增大。另一方面,加工硬化具有很重要的工程意义。首先,它是一种非常重要的强化材料的手段,可以用来提高金属的强度,这对于那些不能通过热处理方法得以强化的合金尤为重要;其次,加工硬化是金属的冷成形加工的保证。加工硬化有利于金属进行均匀变形,因为金属的已变形部分得到强化时,继续的变形将主要在未变形部分中发展。再次,加工硬化限制了塑性变形的继续发展,可提高零件或构件在使用过程的安全性。

在生产中可通过冷轧、冷拔提高钢板或钢丝的强度。特别是对于纯金属和不能热处理强化的材料,冷变形加工是强化它们的主要手段。例如,65Mn 弹簧钢丝经冷拉后,抗拉强度可达 2 000 MPa ~ 3 000 MPa,比一般钢材的强度提高 4 ~ 6 倍;高锰钢常用于制作挖掘机的铲齿、铁路辙岔等,属于奥氏体钢,不能经热处理进行强化,当高锰钢受到激烈摩擦或剧烈冲击时,其表面部分就会产生微量塑性变形,由于位错密度大量增加,位错的交割、位错的塞积随之产生强烈的加工硬化,使其硬度和强度快速提高,从而能够作为耐磨钢使用。

(2)对金属其他性能的影响

金属经塑性变形后,其物理性能和化学性能也将发生明显变化。如使金属的比电阻率增加、电阻温度系数下降、导热系数也略有下降等,还会使金属的磁导率、磁饱和强度下降,但磁滞损耗和矫磁力增大。通过塑性变形还可以提高金属的内能,进而提高其化学活性,加快腐蚀速度。

3. 残余应力

金属在塑性变形时,由于内部变形不均匀,位错等晶体缺陷增多,金属内部会产生残余内应力。残余应力的存在,除了会使工件及材料变形或开裂外,还会产生应力腐蚀,因此冷塑性变形后的金属材料及工件都要进行去应力退火处理。

2.1.4　加热对塑性变形金属组织性能的影响

加热时随着温度的升高,经冷塑性变形的金属发生回复、再结晶和晶粒长大三个阶段的变化。

1. 回复

加工硬化是一种不稳定现象,具有自发地回复到稳定状态的倾向,但在室温下不易实现。加热温度较低时,原子活动能力不是很大,此时变形金属的显微组织无显著变化,原子晶粒大小和形状并无改变,但晶格畸变减轻或消失(图 2 - 5),这一过程称为回复。这时的温度称为回复温度,$T_{回} = (0.25 \sim 0.3)T_{熔}$。此时,加工硬化后的强度和硬度基本不变,塑性略有提高,残余内应力明显下降或基本消除,物理和化学性能基本恢复到变形前的水平,因此,工业上可利用低温加热的回复过程,在保持金属很高强度的同时降低它的内应力,这种热处理工艺称为低温去应力退火。如冷拔铜丝导线时,需进行回复处理,以提高导电性能;冷拉钢丝弹簧时,需在 250 ~ 300 ℃进行回复退火以降低其内应力并使之定型,而强度和硬度基本保持不变。

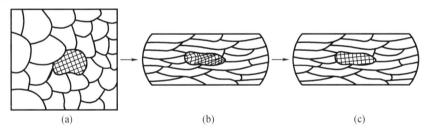

(a)　　　　　　　　(b)　　　　　　　　(c)

图 2 - 5　金属发生回复的示意图

(a)原始组织;(b)塑性变形后的组织;(c)回复组织

2. 再结晶

冷塑性变形的金属加热至较高温度时,金属原子具有较大的活动能力,变形金属的显微组织发生显著的变化。破碎的、被拉长压扁的晶粒出现重新生核、结晶,变为等轴晶粒的现象,这一过程称为再结晶,如图 2 - 6 所示。经过再结晶,金属的强度、硬度显著下降,塑性、韧性提高,内应力和加工硬化完全消除,所有性能恢复到变形之前的状态。再结晶不是一个恒温过程,它是自某一温度开始,在一个温度范围内连续进行的过程。发生再结晶的最低温度称再结晶温度。纯金属的最低再结晶温度与熔点有如下关系:$T_{再} = (0.35 \sim 0.4)T_{熔}$,可见,在其他条件相同时,金属的熔点越高,其再结晶温度越高。当金属在高温下受力变形时,加工硬化和再结晶过程同时存在。不过,变形中的加工硬化随时都被再结晶过程所消除,变形后没有加工硬化现象。

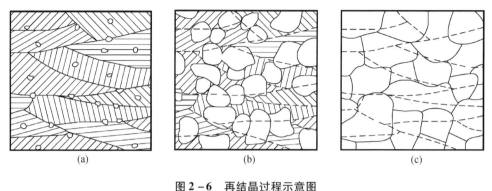

图 2-6　再结晶过程示意图

(a)形核;(b)晶核的长大;(c)再结晶完成

在工业生产中,可利用再结晶消除加工硬化的影响,这种热处理工艺称为再结晶退火。如线材的多次拉拔和板料的多次拉深时,常需在工序间穿插再结晶退火,以使工件顺利成形。

3. 晶粒长大

若加热时间过高或过长,经过再结晶后获得的均匀细小的等轴晶粒会明显长大。晶粒的长大是通过晶界的迁移来实现的,晶界从一个晶粒向另一个晶粒内推进时,把另一个晶粒中晶格的位向逐步改成与这个晶粒相同的位向,并逐步"吞并",最后合成一个大晶粒。随着晶粒长大的进行,强度、硬度将继续下降,塑性会继续提高,在晶粒粗化严重时下降。

2.1.5　金属的热塑性变形

常温下的冷塑性变形会引起加工硬化,继续变形的变形抗力会较大,因而对某些尺寸较大,特别是截面尺寸较大的工件以及低塑性的金属,生产上往往采用在加热条件下进行塑性变形。

1. 冷变形和热变形

从金属学的观点看,通常以再结晶温度为界,将金属的塑性变形分为冷变形和热变形。低于再结晶温度以下的塑性变形称为冷变形,而在再结晶温度以上进行的塑性变形称为热变形。例如铅、锡等低熔点金属的再结晶温度在 0 ℃ 以下,所以在室温下对它们的变形已属于热变形,而钨的再结晶温度约为 1 200 ℃,即使是在 1 000 ℃ 对其进行的变形加工也属于冷变形。

冷变形过程中会产生加工硬化而不会发生再结晶,冷变形产品表面质量好、尺寸精度高、力学性能好,一般不需再切削加工。金属在冷镦、冷挤、冷轧以及冷冲压中的变形都属于冷变形。

金属在热变形过程中既有加工硬化又有再结晶,但加工硬化会被再结晶完全消除。因此,热变形的变形抗力小,塑性高,易成型。如生产中广泛应用的热轧、热锻、热冲压和热拔等。由于金属在热变形加工时较易发生表面氧化,产品表面质量和尺寸精度不如冷变形加工,且工作条件差,生产率低。

金属在高于回复温度和低于再结晶温度范围内进行的塑性变形称为温变形。温变形过程中有加工硬化及回复现象,但无再结晶,且硬化只得到部分消除。温变形较之冷变形可降低变形力且有利于提高金属塑性,较之热变形可降低能耗且减少加热缺陷,适用于强度较高、塑性较差的金属,在生产中的应用有温锻、温挤压和温拉拔等,用于尺寸较大、材料强度较高的零件或半成品制造。

2. 金属热变形的组织和性能

(1)消除和改善铸锭组织

通过热塑性变形可使铸锭或毛坯中的气孔、缩松和微裂纹等缺陷被焊合压实,提高金属致密度。

(2)细化晶粒

铸态时粗大的树枝晶通过热变形及再结晶变成较细的等轴晶粒,使力学性能提高。

(3)改善碳化物在钢中的分布

某些合金钢中的大块碳化物可被打碎并较均匀地分布。由于在一定温度和压力下扩散速度加快,因而偏析可部分地消除,使成分比较均匀,从而提高材料的强度、硬度、塑性和韧性。

(4)形成带状组织

热变形时,不同组织的多相合金会沿着变形方向呈交替相间的条带状分布,这种组织称为带状组织。带状组织使金属材料的力学性能产生方向性,特别是横向塑性和韧性明显下降,使材料切削加工性能恶化,带状组织可用正火或高温扩散退火来消除。

2.1.6 锻造比和纤维组织

1. 锻造比

金属塑性变形中,变形程度的分配与计算十分重要。变形程度大,可提高变形工效。锻造比是锻造时金属变形程度的一种表示方法,锻造比的计算公式与变形方式有关,用变形前后的截面比、长度比或高度比来表示:

拔长锻造比为拔长前横截面积与拔长后横截面积之比,即

$$Y_{拔} = \frac{A_0}{A} \qquad (2-1)$$

式中　　$Y_{拔}$——拔长锻造比;

　　　　A_0——拔长前坯料的横截面积;

　　　　A——拔长后锻件的横截面积。

镦粗锻造比为镦粗前坯料的高度与镦粗后锻件的高度之比,即

$$Y_{镦} = \frac{H_0}{H} \qquad (2-2)$$

式中　　$Y_{镦}$——镦粗锻造比;

　　　　H_0——镦粗前坯料的高度;

　　　　H——镦粗后锻件的高度。

锻造比对锻件的力学性能有较大影响。当锻造比达到 2 时,锻件的塑性有明显提高;当锻造比为 2~5 时,力学性能出现各向异性,纵向塑性有所提高,横向塑性开始下降;在锻造比超过 5 时,纵向性能不再提高,而横向的塑性急剧下降。

由此可见,选择适当的锻造比很重要。以钢锭为坯料锻造时,碳素结构钢锻造比取 2~3,合金结构钢取 3~4。以钢材为坯料锻造时,因其内部组织和力学性能已得到改善,所以锻造比一般取 1.1~1.3。

2. 纤维组织

在变形过程中,铸态金属中的夹杂物、枝晶偏析和晶粒形状等沿着变形方向被拉长。其中,纤维状的杂质不能经再结晶而消失,而是在塑性变形后被保留下来,这种结构叫纤维组织,也称流线。塑性变形虽然能使晶粒组织发生变化,但并不能改变材料组织中的上述分布情况。将热变形后的工件剖面经酸浸后在材料或工件的纵向宏观试样上,可见到沿变形方向的一条条细线,这就是热加工纤维组织。存在纤维组织的金属具有各向异性,平行于纤维方向与垂直于纤维方向的力学性能不同。因此,为了获得具有最佳力学性能的零件,应充分利用纤维组织的方向性。在制定热变形工艺时,一般应遵循的原则是使流线与零件服役时的最大应力方向一致,与切应力或冲击力方向垂直;纤维分布与零件的轮廓相符合而不被切断。如图 2-7 所示为锻造曲轴(图 2-7(a))和轧材切削加工曲轴(图 2-7(b))的流线分布,显然,切削加工的曲轴的流线分布不合理,它易沿轴肩处发生断裂。

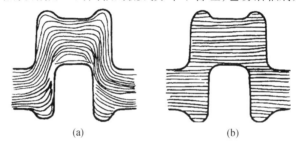

(a)　　　　　　　　　　(b)

图 2-7　锻钢曲轴中纤维组织分布

(a)锻造曲轴的流线分布;(b)轧材切削加工曲轴的流线分布

2.1.7　可锻性及其影响因素

金属的可锻性是指金属材料受压力加工而产生塑性变形的工艺性能,反映了金属材料获得优质锻件的难易程度。金属的可锻性常用金属的塑性和变形抗力来综合衡量。塑性是指材料在外力作用下发生永久变形,而不破坏其完整性的能力。塑性指标以材料开始破坏时的塑性变形量来表示。对于拉伸试验的塑性指标,用延伸率 δ 和断面收缩率 ψ 表示。金属对变形的抵抗力,称为变形抗力,变形抗力越小,则变形消耗的能量也越少。塑性和变形抗力是两个不同的独立概念,金属的塑性高,变形抗力小,变形时不易开裂,且变形中所消耗的能量也少。这样的金属可锻性良好;反之,可锻性差。

金属的可锻性与下列因素有关:

1. 化学成分

金属或合金的化学成分不同,其可锻性也不同。一般来说,纯金属的可锻性比合金的可锻性好。碳钢中,随着含碳量的增加,渗碳体的数量亦增加,塑性因而降低,同时变形抗力也随之增加。钢中合金元素含量越多,合金越复杂,其塑性越差,变形抗力越大,可锻性越差。而钢中的杂质,如磷和硫的含量越多,可锻性也越差,硫能引起钢的热脆,而磷能引起钢的冷脆。

2. 金属组织

具有单相固溶体组织的合金,因其塑性良好,故可锻性好;含有较多碳化物的合金,因碳化物既硬又脆,而且塑性极低,可锻性较差;具有铸态柱状组织和粗晶粒组织金属的可锻性不如具有晶粒细小而又均匀的组织金属的好。

3. 变形速度

变形速度是指单位时间内的变形程度。它对塑性和变形抗力的影响是矛盾的,如图 2 - 8 所示。V_0 为临界速度,在低于 V_0 的一般变形速度区中,随着速度的增加,塑性下降,变形抗力增大,可锻性变差;在高速变形区,随着变形速度的增加,金属的塑性提高,变形抗力下降,可锻性反而变好。这是由于变形速度越大,金属在变形过程,消耗于塑性变形的能量有一部分转化为热能,金属温度升高,产生所谓的热效应现象,从而金属的塑性提高,变形抗力下降。但热效应现象只有在高速锤上锻造时才能实现,一般设备上的变形速度都不可能超过临界速度,故塑性较差的材料(如高速钢)或大型锻件,还是以采用较小的变形速度为宜。

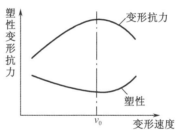

图 2 - 8　变形速度与塑性和变形抗力的关系

4. 变形温度

提高加热温度有利于提高锻件的塑性、降低变形抗力。金属在加热时,随着变形温度的升高,原子的热运动速度增大,原子的能量增加,削弱了原子间的结合力,减小了滑移阻力,因而塑性提高,变形抗力减小,改善了金属的可锻性。但是变形温度不能太高,温度过高时会产生过热、过烧、脱碳和严重氧化,甚至造成产品报废。而温度过低,锻件变形会变得困难,会导致锻裂及损毁锻造设备。

5. 应力状态

金属在不同的锻压加工方式下变形时,产生应力的大小和性质(压应力或拉应力)是不同的。图 2 - 9 为挤压和拉拔应力状态比较。三个方向上受压应力数目越多,金属的塑性越好,而拉应力数目越多,金属的塑性越差。同号应力状态比异号应力状态的变形抗力大。当金属内部存在气孔、小裂纹等缺陷时,在拉应力的作用下,缺陷处易产生应力集中,缺陷必将扩展,甚至使金属失去塑性。压应力使金属内部摩擦增大,变形抗力随之增大。但压应力会使金属内部原子间距减小,又不易使缺陷扩展,故金属的塑性会提高。

如上所述,在塑性加工过程中,要力求创造最有利的变形条件,充分发挥金属的塑性,降低变形抗力,使功耗最少,变形进行得充分,达到优质低耗的要求。

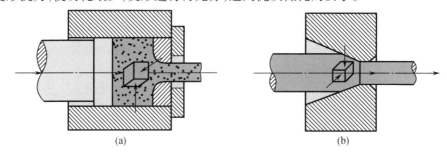

图 2 – 9　挤压和拉拔应力状态
(a)挤压;(b)拉拔

2.2　金属塑性成形方法

常用的金属塑性成形方法如锻造、板料冲压、轧制、挤压、拉拔等,在现代工业中占有非常重要的地位,而一些新的塑性成形技术也正在得到开发和利用。

2.2.1　锻造成形

锻造是利用锻压机械对坯料施加压力,使之产生塑性变形,从而获得具有一定机械性能、形状和尺寸的锻件的一种加工方法。为了使金属材料在高塑性下成形,通常锻造是在热态下进行,因此锻造也称为热锻。锻造是塑性加工的重要分支,金属塑性加工是金属材料制备和金属器件制造的主要成形,广泛应用于机械、冶金、造船、航空、航天、兵器等许多工业部门,在国民经济中占有极为重要的地位。

按所用工具及模具安装情况不同,锻造可分为自由锻和模锻两种。

1. 自由锻

只用简单的通用性工具,或在锻压设备的上、下砧间直接使坯料成形而获得所需几何形状及内部质量的锻件的加工方法称为自由锻(由于坯料在两砧间变形时,沿变形方向可自由流动故而称为自由锻)。根据锻造设备的类型及作用力的性质,自由锻可分为手工自由锻和机器自由锻,机器自由锻又分为锤上自由锻造和液压机上自由锻造。锤上自由锻造用于生产中、小型自由锻件。液压机上自由锻造用于生产大型自由锻件,目前,中国重型机械研究院自主研发的 19 500 t 自由锻油压机为世界最大吨位。其最大锻件能力可达 450 t。

随着锻造成形技术的发展,手工自由锻由于劳动强度大、锻件精度差,已逐渐被淘汰,而机器自由锻是自由锻的主要形式,并得到较大的发展。

根据各工序变形性质和变形程度的不同,自由锻造工序可分为基本工序、辅助工序和精整工序三大类。基本工序是使金属坯料产生一定程度的塑性变形,以得到所需形状和尺寸或改善其性能的工艺过程。它是锻件成形过程中必需的变形工序,如镦粗、拔长、冲孔、弯曲、切割、扭转和错移等,而实际生产中最常用的是镦粗、拔长和冲孔三种工序。辅助工序是为基本工序操作方便而进行的预变形工序,如压钳口、压钢锭棱边和压肩等。精整工序是在完成基本工序之后,用以提高锻件尺寸及形状精度的工序,如镦粗后的鼓形滚圆和截面滚圆,凸起、凹下、不平和有压痕面的平整,拔长后的弯曲校直和锻斜后的校正等。自由锻件的成形基本都是这三类工序的组合。

下面简要介绍实际生产常用的自由锻基本工序。

(1)镦粗

使毛坯高度减小、横截面积增大的锻造工序称为镦粗,镦粗主要分为整体镦粗和局部镦粗两大类,如图 2 - 10 所示。镦粗的作用为:

①获得横截面较大而高度较小的锻件(饼块件);

②用作冲孔前的准备工序(增大坯料的横截面积以便于冲孔);

③采用"反复镦拔",镦粗与拔长相结合,可提高锻造比,同时击碎合金工具钢中的块状碳化物,并使其分布均匀以提高锻件的使用性能。

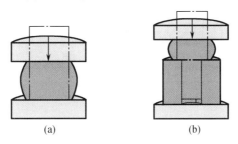

图 2 - 10　镦粗分类

(a)整体镦粗;(b)局部镦粗

镦粗时,毛坯原始高度 h_0 与直径 d_0 之比应小于 2.5,即 $h_0/d_0 \leqslant 2.5$,否则会镦弯。

(2)拔长

使毛坯横截面积减小而长度增加的工序称为拔长。拔长可分为矩形截面坯料的拔长、圆截面坯料的拔长和空心坯料的拔长(芯轴拔长),如图 2 - 11 所示。拔长作用:

①由横截面积较大的坯料得到横截面积较小而轴向较长的轴类锻件;

②作为辅助工序进行局部变形;

③采用"反复镦拔",镦粗与拔长相结合,可提高锻造比,同时击碎合金工具钢中的块状碳化物,并使其分布均匀以提高锻件的使用性能。

(3)冲孔

在坯料上锻出通孔和盲孔的工序叫作冲孔。冲孔的方法主要有实心冲子冲孔(双面冲孔)和垫坯上冲孔(单面冲孔),如图 2 - 12 所示。后者适用于厚度小的坯料,冲孔时,坯料置于垫环上,将一略带锥度的冲头大端对准冲孔位置,用锤击方法打入坯料,直至孔穿透为止。冲孔主要质量问题是走样、裂纹和孔冲偏等。为避免上述问题,通常坯料直径与冲子直径之比要大于 2.5 ~ 3。冲孔常用于:

①锻件带有大于 $\phi 30$ mm 以上的盲孔或通孔;

②需要扩孔的锻件应预先冲出通孔;

③需要拔长的空心件应预先冲出通孔。

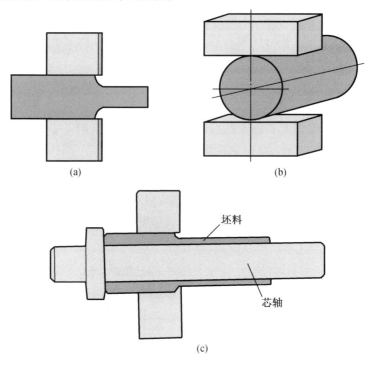

图 2-11 拔长分类

(a)矩形截面坯料的拔长;(b)圆截面坯料的拔长;(c)空心坯料的拔长(芯轴拔长)

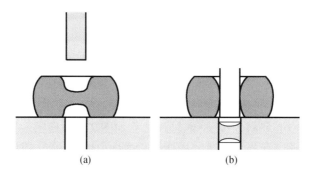

图 2-12 冲孔

(a)实心冲子冲孔;(b)垫坯上冲孔

2. 模锻

模锻是在专用模锻设备上利用模具使金属坯料在冲击力或压力作用下,在锻模模膛内变形而获得锻件的工艺方法。模锻工艺生产效率高,劳动强度低,尺寸精确,加工余量小,并可锻制形状复杂的锻件,适用于批量生产。但模具成本高,需有专用的模锻设备,不适合于单件或小批量生产。

模锻根据使用设备的不同可分为锤上模锻、水压机上模锻、热模锻压力机上模锻、平锻机上模锻和螺旋压力机上模锻等。

锤上模锻所用的锻模结构如图 2 – 13(a)所示。锻模由上模 2 和下模 4 两部分组成。下模 4 紧固在模垫 5 上,上模 2 紧固在锤头 1 上,并与锤头一起做上下运动。9 为模膛,锻造时毛坯放在模膛中,上模随锤头向下运动对毛坯施加冲击力,使毛坯冲满模膛,最后获得与模膛形状一致的锻件,如图 2 – 13(b)所示。

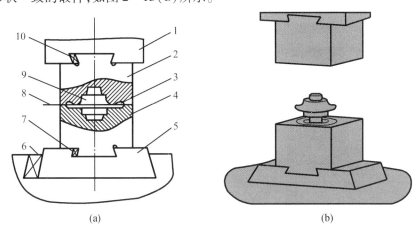

图 2 – 13 锤上模锻

(a)锻模结构;(b)模锻成形示意图

1—锤头;2—上模;3—飞边槽;4—下模;5—模垫;6,7,10—紧固楔铁;8—分模面;9—模膛

根据模膛内金属流动的特点又可将模锻分为开式模锻和闭式模锻两类。

(1)开式模锻和闭式模锻

开式模锻即有飞边的模锻,是变形金属的流动不完全受模膛限制的一种锻造方法,如图 2 – 14 所示。由于开式模锻有飞边槽,用以增加金属从模膛中流出的阻力,促使金属充满模膛,同时容纳多余的金属。闭式模锻在闭式模具中进行,锻件没有飞边,所以又称无飞边模锻,如图 2 – 15 所示。

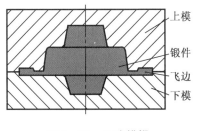

图 2 – 14 开式模锻　　　　　图 2 – 15 闭式模锻

闭式模锻与开式模锻相比,可以减少切边材料损耗并节省切边设备,有利于金属充满模膛;由于金属处于明显的三向压应力状态,更有利于低塑性材料的成形,适合精密模锻。

(2)模膛及其功用

模膛根据其功用不同可分为模锻模膛和制坯模膛两大类。

①模锻模膛

模锻模膛又分为预锻模膛和终锻模膛。预锻模膛的作用是使毛坯变形到接近于锻件的形状和尺寸,经预锻后再进行终锻时,金属容易充满模膛。同时减少了终锻模膛的磨损,延长锻模使用寿命。对于形状简单的锻件或批量不大时可不设预锻模膛,只有当锻件形状复杂、成形困难,且批量较大的情况下,设置预锻模膛才是合理的。预锻模膛的圆角和斜度要比终锻模膛大得多,而且没有飞边槽。

终锻模膛的作用是使毛坯最后变形到锻件所要求的形状和尺寸,因此,它的形状应和锻件的形状相同;但因锻件冷却时要收缩,故终锻模膛的尺寸应比锻件尺寸放大一个收缩量。钢锻件收缩量取 1.5%。任何锻件的模锻均需要终锻模膛。

②制坯模膛

对于形状复杂的锻件,为了使毛坯形状基本符合锻件形状,以便使金属能合理分布和很好地充满模膛,就必须预先在制坯模膛内制坯。制坯模膛有以下几种:拔长模膛、滚压模膛、弯曲模膛和切断模膛。

根据模锻件的复杂程度不同,所需变形的模膛数量也不等,可将锻模设计成单膛或多膛锻模。多膛锻模是在一副锻模上具有两个以上模膛的锻模,最多不超过七个模膛。图 2-16 所示为弯曲连杆模锻件的锻模,即为多膛模锻。

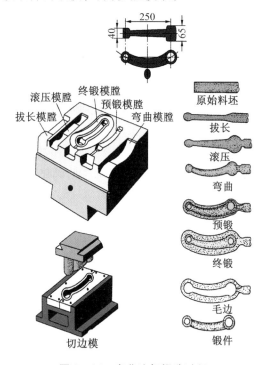

图 2-16 弯曲连杆锻造过程

2.2.2 板料冲压成形

冲压是金属塑性加工的基本方法之一,是靠冲压设备和模具对板料毛坯施加外力,使之产生塑性变形或分离,从而获得所需形状和尺寸的工件的成形加工方法。按冲压加工温度分为热冲压和冷冲压,冷冲压多在常温下进行,当板料厚度较厚,超过 8~10 mm 时,采用加热后进行冲压。

冲压可获得形状复杂、尺寸精度高、表面质量好的冲压件,不经机械加工即可进行装配。此外,由于冷变形使零件产生加工硬化,故冲压件的刚度高、强度高、质量轻。冲压加工是利用冲压设备和冲模的简单运动来完成相当复杂形状零件的制造过程,而且并不需要操作工人的过多参与,所以冲压加工的生产效率很高,在一般情况下,冲压加工的生产效率为每分钟数十件,而对某些工艺技术成熟的冲压件,生产效率可达每分钟数百件,甚至超过一千件以上,如易拉罐的生产。冲压加工时,一般不需要对毛坯加热,对原材料的损耗较少,因此也是一种节约能源和资源的具有环保意义的加工方法。冲压产生质量稳定,容易实现自动化与智能化生产。

由于冲压工艺具有上述许多突出的特点和在技术与经济方面明显的优势,因此在国民经济各个领域广泛应用。在汽车工业、国防工业、轻工业、家用电器制造业等部门占据着十分重要的地位。

冲压按工艺分类可分为分离工序和成形工序两大类。分离工序是使毛坯的一部分与另一部分相互分离的工序,如剪切、落料、冲孔、修边、精密冲裁等。成形工序是使毛坯的一部分相对于另一部分产生位移而不破裂的工序,如弯曲(压弯、滚变、卷弯、拉弯等)、拉深、胀形、翻边、扩口、缩口等。

1. 落料和冲孔

落料是利用冲裁获得一定外形的制件或毛坯的冲压方法,冲落部分为成品,周边为废料,如图 2 - 17(a)所示。冲孔是将坯料内的材料以封闭的轮廓分离开来,得到带孔制件的一种冲压方法,冲落部分为废料,周边为成品,如图 2 - 17(b)所示。这两个工序中坯料的变形过程和模具结构都是一样的,只是用途不同。冲裁所得的制件可直接作为零件使用,也可作为弯曲、拉深和翻边等其他工序的毛坯。

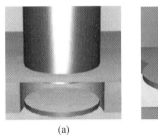

(a)　　　　　　　　(b)

图 2 - 17　落料和冲孔工序

(a)落料;(b)冲孔

2. 弯曲

弯曲是把板材、棒材、管材或型材等加工成具有一定角度和形状的零件的成形方法。是板材冲压加工中常见的加工工序。在生产中,弯曲成形的应用非常广泛,弯曲件的形状也多种多样,如 V 形件、U 形件、Ω 形件以及其他各种形状的零件。其中 V 形件的弯曲是板料弯曲中最基本的一种,如图 2 - 18 所示。弯曲零件示意图如图 2 - 19 所示。

弯曲时,变形只发生在圆角范围内,其内侧受压缩,外侧受拉伸。当外侧的拉力超过板料的抗拉强度时,即会造成外层金属破裂。板料越厚,内弯曲半径 r 越小,压缩及拉伸应力就越大,也越易破裂。为防止弯裂,必须规定最小弯曲半径。塑性越好的材料,其弯曲半径可越小。最小弯曲半径与板料的力学性能、弯曲件角度、板材表面质量以及弯曲件的宽度有关。

图 2-18 V 形件弯曲

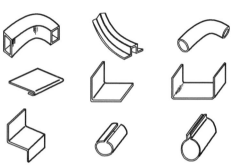

图 2-19 弯曲零件示例

弯曲时还应尽可能使弯曲线与板料纤维垂直,如图 2-20 所示。若弯曲线与纤维方向一致,则容易弯裂,此时应增大弯曲半径。弯曲的角度也应比成品略小,因为坯料弯曲后会产生弯曲回弹现象。

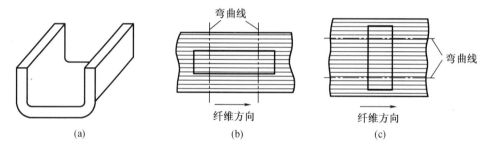

图 2-20 弯曲时的纤维方向

(a)弯曲件;(b)弯曲线与纤维方向垂直;(c)弯曲线与纤维方向平行

3. 拉深

利用模具使冲裁后得到的平板毛坯变形成开口空心零件的工序称为拉深。通过拉深可以制成圆筒形、球形、锥形、盒形、阶梯形、带凸缘的和其他复杂形状的空心件,如图 2-21所示。拉深是一个重要的冲压工序,广泛应用于汽车、电子、日用品、仪表、航空和航天等各种工业部门的产品生产中,不仅可以加工旋转体零件,还可以加工盒形零件及其他形状复杂的薄壁零件。拉深变形示意图如图 2-22 所示。

(1)拉深过程

其变形过程为:把直径 D 的平板坯料放在凹模上,在凸模作用下,板料通过塑性变形,被拉入凸模和凹模的间隙中,形成空心零件。拉深件的底部一般不变形,只起传递拉力的作用,厚度基本不变。零件直壁由坯料直径 D 去掉内径 d 的环形部分所形成,主要受拉力作用,厚度有所减小。而直壁与底部之间的过渡圆角变薄最严重。拉深件的法兰部分,切向受压应力作用,厚度有所增大。

（2）拉深系数

工件直径 d 与毛坯直径 D 的比值称为拉深系数,用 m 表示,即 $m = d/D$。它是衡量拉深变形程度的指标。拉深系数越小,表明拉深件直径越小,变形程度越大,坯料被拉入凹模越困难,一般情况下,拉深系数 m 不小于 $0.5 \sim 0.8$。m 过小,往往会产生底部拉裂现象。

图 2-21　拉深零件

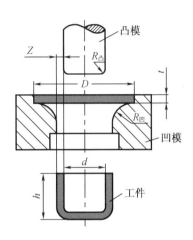

图 2-22　拉深变形示意图

（3）拉深次数

如果拉深系数过小,即 m 小于极限拉深系数,不能一次拉深成形,则可采用多次拉深工艺,如图 2-23 所示。此时,各道工序的拉深系数为

$$m_1 = d_1/D, \quad m_2 = d_2/d_1, \quad \cdots, \quad m_n = d_n/d_{n-1}$$

总拉深系数 $m_{总}$ 表示从毛坯 D 拉深至 d_n 的总的变形量。即

$$m_{总} = m_1 m_2 \cdots m_{n-1} m_n = dn/D$$

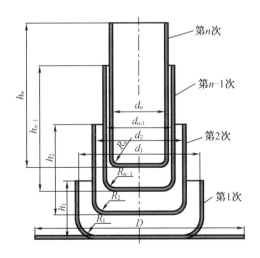

图 2-23　多次拉深时直径的变化

多次拉深过程中,会产生加工硬化现象,为保证坯料具有足够的塑性,生产中坯料经过一两次拉深后,应安排工序间的退火处理。其次,在多次拉深中,拉深系数应一次比一次略大些,确保拉深件质量,使生产能够顺利进行。

4.翻边

在坯料的平面部分或曲面部分上,利用模具的作用,使之沿封闭或不封闭的曲线边缘形成具有一定角度的直壁或凸缘的成形方法称为翻边,翻边成形件如图 2-24 所示。翻边工艺过程如图 2-25 所示。翻边的种类很多,分类方法也不尽相同。其中按变形性质可分为伸长类翻边和压缩类翻边。对于伸长类翻边,共同特点是毛坯变形区在切向拉应力的作用下产生切向的伸长变形,其变形特点属于伸长类成形。对于压缩类翻边,毛坯变形区的主要部分都处于切向压应力和径向拉应力的作用下,产生切向压缩变形和径向伸长变形,其中切向压应力和切向压缩变形是主要的,其变形特点属于压缩类成形。如图 2-25 所示的内孔翻边变形过程,属伸长类翻边。

图 2-24　翻边零件

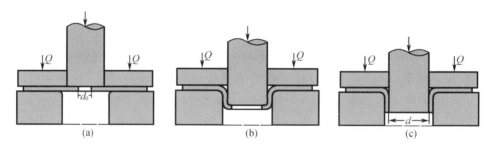

(a)　　　　　　　　　　(b)　　　　　　　　　　(c)

图 2-25　翻边的变形过程

5.胀形

胀形是在模具的作用下,迫使毛坯厚度减薄和表面积增大,以获得零件几何形状的冲压加工方法。胀形工艺与拉深工艺不同,毛坯的塑性变形区局限于变形区范围内,材料不向变形区外转移,也不从外部进入变形区,是靠毛坯的局部变薄来实现的。胀形是冲压成形的一种基本形式,也常和其他成形方式结合出现于复杂形状零件的冲压过程中。

胀形主要有平板坯料胀形、管坯胀形、球体胀形、拉形等几种方式,如图 2-26～图 2-29 所示。球体胀形是 20 世纪 80 年代后出现的无模胀形新工艺。其主要过程是先用焊接方法将板料焊成多面体,然后向其内部通入液体或气体打压。在强大的压力作用下,板料发生塑性变形,多面体逐渐变成球体。图 2-30 为利用球体胀形工艺成形的大型液化石油储罐。

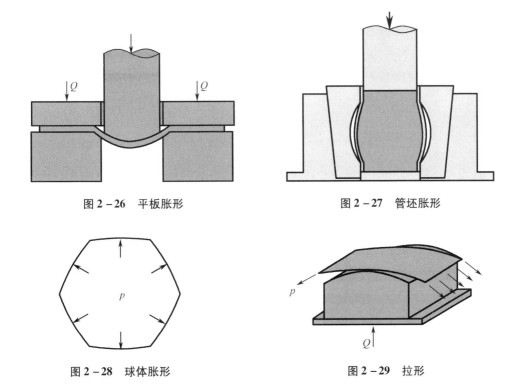

图 2-26　平板胀形　　　　　　　　　图 2-27　管坯胀形

图 2-28　球体胀形　　　　　　　　　图 2-29　拉形

图 2-30　球体胀形制成的大型液化石油气储罐

2.2.3　挤压成形

　　挤压是坯料在三向不等压应力作用下,从模具的孔口或缝隙挤出,使之横截面积减小,长度增加,成为所需制品的加工方法。挤压时金属坯料在三向压应力状态下变形,因此金属的塑性可得到提高。挤压零件的尺寸精度高,又由于挤压变形后零件的纤维组织是连续分布的,且没有断头,从而提高了零件的力学性能。挤压可以挤出各种形状复杂、深孔、薄壁和异形截面的零件,并且材料利用高度。

　　根据挤压时金属流动方向和凸模运动方向的关系,挤压分为正挤压、反挤压、复合挤压和径向挤压等。

1. 正挤压

坯料从模孔中流出部分的运动方向与凸模运动方向相同的挤压方式称为正挤压。该法可挤压各种截面形状的实心件和空心件,如图 2 – 31 所示。

2. 反挤压

坯料的一部分沿着凸模与凹模之间的间隙流出,其流动方向与凸模运动方向相反的挤压方式称为反挤压。该法可挤压不同截面形状的空心件,如图 2 – 32 所示。

3. 复合挤压

同时兼有正挤、反挤时金属流动特征的挤压称为复合挤压,如图 2 – 33 所示。

4. 径向挤压

坯料沿径向挤出的挤压方式称为径向挤压。用这种方法可成形有局部粗大凸缘、有径向齿槽及筒形件等,如图 2 – 34 所示。

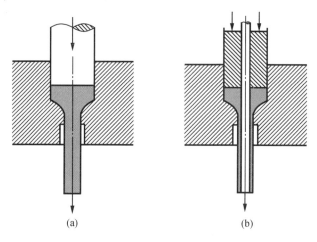

图 2 – 31　正挤压实心件和空心件示意图

(a)实心件;(b)空心件

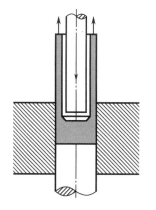

图 2 – 32　反挤压杯形件示意图

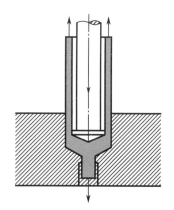

图 2 – 33　复合挤压示意图

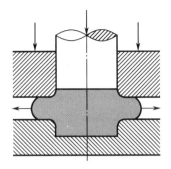

图 2 - 34　径向挤压示意图

按金属坯料的受热情况,挤压又分为热挤压、冷挤压和温挤压。再结晶温度以上的挤压变形称为热挤压;室温下变形的挤压称为冷挤压;温挤压的变形温度为介于热挤压和冷挤压之间的某个温度(再结晶温度以下)。热挤压的变形抗力小,变形程度可以很大,但产品表面质量粗糙。热挤压广泛用于生产铝、铜等有色金属的管材和型材等,以及具有粗大头部的杆件、炮筒、容器等。冷挤压变形抗力较热挤压高得多,冷挤压的材料利用率高,材料的组织和机械性能得到改善,操作简单,生产率高,可制作长杆、深孔、薄壁、异型断面零件,是重要的少无切削加工工艺。温挤压可以兼得两者的优点。但温挤压需要加热坯料和预热模具,高温润滑尚不够理想,模具寿命较短,所以应用不甚广泛。

2.2.4　拉拔成形

拉拔是将金属坯料由拉拔模孔拉出,使之产生塑性变形而得到截面缩小、长度增加的制品。由于拉拔多在冷态下进行,因此也叫冷拔或冷拉。拉拔是管、棒、型、线的主要生产方法。拉拔制品的表面质量好,尺寸精确,表面光洁;工具和设备简单,且维修方便;可连续高速生产小规格长制品。

拉拔按制品截面形状可分实心材拉拔和空心材拉拔两种(图 2 - 35)。实心拉拔主要包括线材拉拔、棒料拉拔、型材拉拔;空心材拉拔主要包括圆管拉拔和异型管材拉拔。

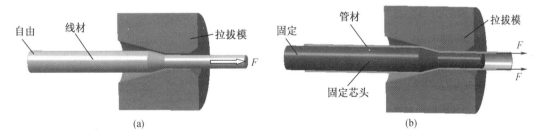

图 2 - 35　拉拔示意图
(a)实心材拉拔;(b)空心材拉拔

线材拉拔主要用于生产各种金属导线(工业用金属线以及电器中常用的漆包线),也叫拉丝,可以拉拔直径为 0.14 ~ 10.00 mm 的黑色金属和直径为 0.01 ~ 16.00 mm 的有色金属的。一般要经过多次成形,且每次拉拔的变形程度不能过大,必要是要进行中间退火。否则容易拉断。

棒料拉拔可以生产多种截面形状,如圆形、方形、矩形和六角形等。

型材拉拔多用于特殊截面形状或复杂截面形状的异形型材。

管材拉拔以圆管为主,也可拉制椭圆形管、矩形管和其他截面形状的管材。

由于在拉拔过程中,拉拔模会受到强烈的摩擦,生产中常采用耐磨的硬质合金(甚至金刚石)来制作,以确保其精度和使用寿命。

2.2.5　轧制成形

轧制是将金属材料通过旋转轧辊的间隙(各种形状),并在轧辊压力作用下产生连续塑性变形获得所要求的截面形状,并改变其性能的成形方法。轧制成形是生产钢材最常用的生产方式,主要用来生产型材、板材、管材。

坯料经过热轧,可以破坏钢锭的铸造组织,细化钢材的晶粒,并消除显微组织的缺陷,从而使钢材组织密实,力学性能得到改善。这种改善主要体现在沿轧制方向上,从而使钢材在一定程度上不再是各向同性体;浇注时形成的气泡、裂纹和疏松,也可在高温和压力作用下被焊合。而常温下轧制由于连续冷变形引起的冷作硬化使轧件的强度和硬度上升、韧塑指标下降,因此冲压性能将恶化,故其只能用于简单变形的零件。

轧制方式按轧件运动分为纵轧、横轧、斜轧;按轧制温度分为冷轧和热轧;按轧辊的形状、轴线配置等的不同分为辊锻、辗环等。

1. 纵轧

纵轧是轧辊轴线与坯料轴线互相垂直的轧制方法,生产最常用的纵轧为型材轧制,如图 2-36 所示。轧制型材时,轧辊表面须预制出轧槽,由轧槽和辊隙组成的孔型决定了轧件的断面形状和尺寸。

辊锻也属纵轧,它是用一对相向旋转的扇形模具使坯料产生塑性变形,从而获得所需锻件或锻坯的锻造工艺,如图 2-37 所示。辊锻生产率为锤上模锻的 5~10 倍,节约金属6%~10%。辊锻材料消耗少,无冲击、低噪音,劳动条件好。各种扳手、麻花钻、柴油机连杆、蜗轮叶片等都可以辊锻成形。

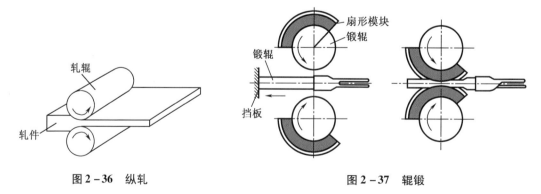

图 2-36　纵轧　　　　　　　　图 2-37　辊锻

2. 横轧

横轧是轧辊轴线与轧件轴线平行且轧辊与轧件做相对转动的轧制方法,如齿轮轧制等。如图 2-38 所示,横轧轧件内部锻造流线与零件的轮廓一致,使轧件的力学性能较高。

因此,横轧在国内外受到普遍重视。

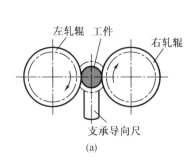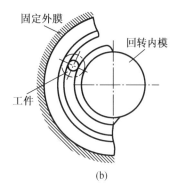

图 2 - 38　横轧

(a)外回转楔形模横轧;(b)内回转楔形模横轧

3. 斜轧

轧辊相互倾斜配置,以相同方向旋转,轧件在轧辊的作用下反向旋转,同时还做轴向运动,即螺旋运动,这种轧制称为斜轧,亦称为螺旋轧制或横向螺旋轧制。可以生产形状呈周期性变化的毛坯或零件,如钢球轧制(图 2 - 39)、冷轧丝杠等。

4. 辗环

环形毛坯在旋转的轧辊中进行轧制的方法称为辗环,如图 2 - 40 所示。主动辊由电动机带动旋转,利用摩擦力使圆环形毛坯在主动辊和从动辊之间受压变形。主动辊可由油缸推动上下移动,改变它与从动辊之间的距离,使坯料厚度减小,直径增大。导向辊用以保证坯料正确运送。控制辊用来控制环坯直径。当环坯直径达到需要值与控制辊接触时,控制辊旋转传出信号,使主动轮停止工作。辗环所需设备吨位小,材料损耗少,制作力学性能好。已广泛应用于生产各种截面形状的环类件,如火车轮箍、轴承圈和齿轮等。

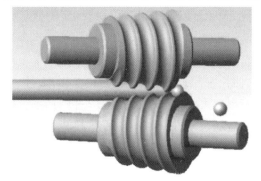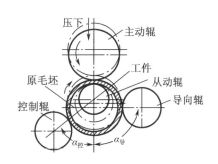

图 2 - 39　斜轧钢球　　　　　　**图 2 - 40　辗环示意图**

2.2.6 旋压

旋压是用于成形薄壁空心回转体零件的一种金属塑性成形方法,它是借助旋轮等工具做进给运动,加压于随芯模沿同一轴线旋转的金属毛坯,使其产生连续的局部塑性变形而成为所需空心回转体零件的工艺过程。图 2 - 41 所示为旋压加工示意图,图 2 - 42 为旋压加工时的照片。

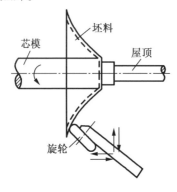

图 2 – 41　旋压加工示意图

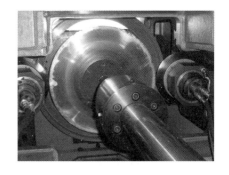

图 2 – 42　旋压加工

旋压是一种综合了锻造、挤压、拉伸、弯曲、环轧和滚压等工艺特点的一种少无切削的先进加工工艺。它是通过毛坯旋转与施加外力两者联合作用使金属板坯或预成形毛坯产生塑性变形的成形技术。由于这种工艺较适合制造回转体零件,具有成形载荷低、节省材料、成本低廉、设备相对简单、产品质量高且具有优良的机械性能等优点,因而在航空航天及军事工业中得到了广泛应用。

2.2.7　其他塑性成形方法

随着科学技术的不断发展,面对现代机械制造中精密锻件及复杂形状零件的制造,出现了许多塑性成形新工艺、新技术,如超塑性成形、内高压成形、电磁成形、热冲压成形以及微成形技术等,扩大了塑性成形的适用范围。由于广泛采用了电加热和少、无氧化加热,提高了锻件表面质量,改善了劳动条件,并具有更高的生产效率。

1. 超塑性成形

超塑性是指在特定的条件下,即在低的应变速率($\varepsilon = 10^{-4} \sim 10^{-2} \ s^{-1}$),一定的变形温度(约为热力学熔化温度的一半)和稳定而细小的晶粒度($0.2 \sim 5 \ \mu m$)的条件下,某些金属或合金呈现低强度和大伸长率的一种特性。超塑性状态下的金属在拉伸变形过程中不产生缩颈现象,其伸长率可超过 100% 以上,如钢的伸长率超过 500%,纯钛超过 300%,铝锌合金超过 1 000%。变形应力可比常态下金属的变形应力降低几十倍,如图 2 – 43 所示。因此,超塑性金属极易成形,可采用多种工艺方法制出复杂零件。目前常用的超塑性成形的材料主要有铝合金、镁合金、低碳钢、不锈钢及高温合金等。

(1)超塑性成形的特点:

①高的金属塑性,解决难变形材料的塑性加工。过去认为只能采用铸造成形而不能锻造成形的镍基合金,也可进行超塑性模锻成形,扩大了可锻金属的种类。

②较小的变形抗力,可在吨位小的设备上模锻出较大的制件。

③加工精度高,超塑性成形加工可获得尺寸精密、形状复杂、晶粒组织均匀细小的薄壁制件,机械加工余量小,甚至不需切削加工即可使用。因此,超塑性成形可实现少或无切削加工和精密成形。

④超塑性成形零件基本没有残余应力。

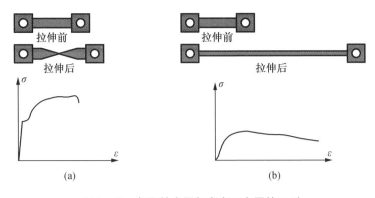

图 2 - 43　超塑性金属与常态下金属的区别

(a)常态下金属；(b)超塑性金属

（2）超塑性成形的应用

由于金属在超塑状态具有异常高的塑性、极小的流动应力、极大的活性及扩散能力，可以在很多领域中应用，包括压力加工、热处理、焊接、铸造，甚至切削加工等方面。超塑成形工艺按成形介质可分为气压成形、液压成形、无模成形、无模拉拔；按原始坯料形式可以分为模锻、挤压、板料成形、管材成形、杯突成形等。其中，在航空航天领域中，应用最为广泛的超塑成形方法是板材气压成形。超塑性成形具体应用如图 2 - 44 所示。

2. 电磁成形

电磁成形是指利用磁场力使金属坯料变形的高能（简速率）成形方法。在成形过程中载荷以脉冲的方式作用于毛坯，故又称磁脉冲成形。电磁成形的基本原理如图 2 - 45 所示，电容和控制开关形成放电回路，瞬时电流通过工作线圈时产生强大的磁场，同时在金属工件中产生感应电流和磁场，在磁场力的作用下使工件成形。实际生产中是利用高压电容器瞬间放电产生强电磁场，坯料因而可以获得很大的磁场力和很高的成形速度。电磁成形的重要特征就是能量释放时间短，仅为微秒级，而变形为毫秒级。电磁成形工艺适用于薄壁板材的成形、不同管材间的快速连接、管板连接等加工过程，是一种高速成形工艺。

图 2 - 44　铝合金超塑板材制成的神十航天员座椅和头盔(哈尔滨东轻公司)

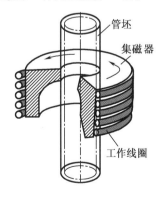

图 2 - 45　电磁成形原理图

电磁成形技术具有加工能量易于精确控制、成形速度快、成形工件精度高、成形后零件弹复小、可提高材料塑性变形能力、模具简单及设备通用性强、利于采用复合工艺及实现自动化生产、整个成形过程绿色、环保等特点,现已广泛应用于航空、航天、兵器工业、汽车制造、轻化工及仪器仪表及电子等诸多领域。而电磁成形中导电性能差的材料难于加工,导电性好是电磁成形材料的必要条件,这也是限制电磁成形应用的主要因素之一。

在工程应用的管材成形方面,有管坯自由胀形、有膜成形、管的校形、管段翻边、扩口及管坯的局部缩径、管段的缩口、异形管成形等;平板件成形分为自由成形和有模成形两种,前者用于精度不高的锥形件成形,其成形零件外形难控制;后者用于压印、压凹、曲面零件成形和冲裁等,如图2-46所示。此外,还有电磁冲裁、电磁焊接、电磁复合冲压成形、电磁铆接和电磁粉末压制等。

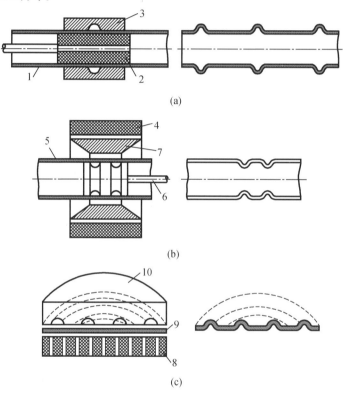

图2-46　电磁成形典型加工方法

(a)管坯胀形;(b)管坯缩径;(c)平板毛坯成形

1,5,9—工件;2,4,8—线圈;7—集磁器;3,6,10—模具

3. 摆动辗压

摆动辗压是上模的轴线与被辗压工件(放在下模)的轴线倾斜一个角度,模具边绕轴心旋转,边对坯料进行压缩(每一瞬时仅压缩坯料横截面的一部分)的工艺方法,如图2-47所示。大截面饼类锻件的成形需要吨位很大的锻压设备和工艺装备。如果使模具局部压缩坯料,变形只在坯料内的局部产生,而且使这个塑性变形区沿坯料做相对运动,使整个坯料逐步变形,这样就能大大降低锻造压力和设备吨位容量。

摆动辗压有如下优点:产品尺寸精度高、表面质量好;摆辗是通过连续局部塑性变形累积实现整体塑性成形,其变形力通常为整体锻造变形力的 1/20 ~ 1/5;特别适合成形普通锻造难于成形的薄盘类锻件;生产效率高,摆辗生产率可达 10 ~ 15 件每分钟;工作条件好,由于摆辗属静压成形,无振协,噪声低,易实现机械化、自动化,劳动环境好。

摆动辗压设备比较复杂,且结构刚度要求高,对于高径比大的制件需预先制坯,加工效率较低。摆动辗压主要适用于加工回转体的轮盘类或带法兰的半轴类锻件,如汽车后半轴、碟形弹簧、齿轮毛坯和铣刀毛坯等。图 2 - 48 为摆动辗压齿轮零件。

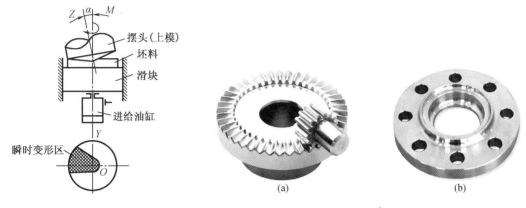

图 2 - 47　摆动辗压工作原理图　　　　图 2 - 48　摆动辗压齿轮零件

(a)齿轮;(b)不锈钢法兰盘

4. 内高压成形

内高压成形(Hydro Forming)也叫液压成形或液力成形,是一种利用液体作为成形介质,通过控制内压力和材料流动来达到成形中空零件目的的材料成形方法。由于所使用的压力高达 400 MPa ~ 600 MPa,在德国称为内高压成形 IHPF(Internal High Pressure Forming)。工作原理如图 2 - 49 所示,通过内部加压和轴向加力补料把管坯压入模具型腔使其成形为所需要的工件。对于轴线为曲线的零件,需要把管坯预弯成接近零件形状,然后加压成形,生产中需要有下料、弯管、预成型、液压成型、切割等五道主要工序。根据零件结构要素和精度的不同,工序会有增减。

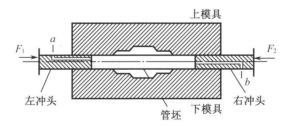

图 2 - 49　内高压成形原理图

内高压成形包括壳体液压成形、板料液压成形和管材液压成形。

由于内高压成形材料采用镁合金、铝合金、钛合金及复合材料等轻质材料,成形件形状多采用空心变截面、薄壁整体结构,因而内高压成形的构件具有质量轻、减少零件和模具数量、节约材料、降低模具费用等优点。汽车行业中,内高压成形件为汽车顶梁、侧梁、散热器支架、副车架、纵梁、仪表支架及排气系统等,如图 2 - 50 所示。

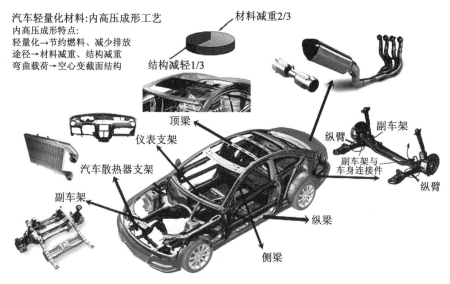

图 2 - 50 内高压成形在汽车生产中的应用

内高压成形产品质量好,还减少后续机械加工和组装焊接量。其缺点为,由于内压高,需要大吨位液压机作为合模压力机,并且高压源及闭环实时控制系统复杂,造价高,零件研发试制费用高。

5. 热冲压成形技术

热冲压成形(Hot Stamping/Hot Press Forming)技术,是将钢板(初始强度为 500 MPa ~ 600 MPa)加热至奥氏体化状态,快速转移到模具中高速冲压成形,在保证一定压力的情况下,制件在模具本体中以大于 27 ℃/s 的冷却速度进行淬火处理,保压淬火一段时间,以获得具有均匀马氏体组织的超高强钢零件的成形方式。热冲压技术是将板料热加工和淬火工艺相结合的一项较新的复杂成形技术,它使超高强度钢板具有较小的变形抗力、塑性好、成形极限高,而且成形零件的精度和强度较高。

采用超高强度钢板来代替原来大量使用的低碳钢等低强度钢材,是实现汽车轻量化最有效的途径。然而,高强度也给汽车制造带来新的困难。高强度钢板随着屈服强度和抗拉强度的提高,其冲压成型性能下降,各种成型缺陷凸显,不仅需要非常大的成型力,而且回弹特别严重,很难保证制件的尺寸精度。当强度超过 1 000 MPa 以上时,对于一些几何形状比较复杂的零件,使用常规的冷冲压工艺几乎无法成型,采用热冲压成形技术制得的冲压件强度可高达 1 500 MPa,且在高温下成型几乎没有回弹,具有成型精度高、成型性好等突出优点,而高温成形也有利于提升板料伸长率,得到形状复杂的零部件,热冲压成形技术生产的零件使汽车轻量化后仍能满足碰撞安全性能,是近年来出现在汽车高强度钢板冲压成形的一项新技术,也是实现汽车轻量化生产的关键技术之一。

热冲压成形的优点:得到的是超高强度的车身零件;可以减轻车身质量;能提高车身安全性、舒适性;改善了冲压成形性;提高了零件尺寸精度;可以提高焊接性、表面硬度、抗凹性和耐腐蚀性;降低了冲压机吨位要求。常见的汽车热冲压零件如图 2 - 51 所示。

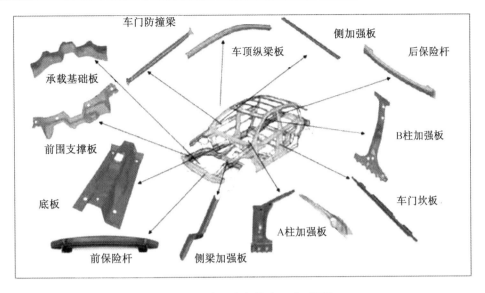

车门防撞梁
侧加强板
车顶纵梁板
后保险杆
承载基础板
B柱加强板
前围支撑板
底板
A柱加强板
车门坎板
前保险杆
侧梁加强板

图 2 - 51　常见汽车热冲压成形零件

热冲压成形技术在汽车企业应用越来越广泛,但国内生产制造技术还不是非常成熟,各汽车企业也在不断研究探索,通过引进国外先进的热冲压成形设备和热冲压成形模具,缩短与国外热冲压成形技术的差距,且取得了阶段性进展。只有掌握热冲压成形产品开发的核心技术,才能有效提升自主品牌汽车的整车市场竞争力。

6. 精密模锻

精密模锻是指在模锻设备上锻造出形状复杂、锻件精度高的模锻工艺,是一种锻件在模锻成形后,不需和只需少量切削加工就能满足工艺要求的锻造工艺。与普通模锻相比较,精密模锻能获得尺寸精度高、表面质量好、机械加工余量少的锻件,并可提高材料利用率。精密模锻金属流线(纤维组织)沿零件轮廓合理分布,提高了零件的承载能力。精密模锻主要应用在两个方面:一是精化毛坯,即利用精锻工艺取代粗切削加工工序,将精锻件直接进行精加工而得到成品零件;二是精锻零件,即通过精密模锻直接获得零件。

精密模锻工艺过程为:先将原始坯料用普通模锻工艺制成中间坯料,再对中间坯料进行严格的清理,除去氧化皮和缺陷,最后采用无氧化或少氧化加热后精锻。

精密模锻分为热精锻、冷精锻、温精锻、复合精锻和等温精锻,其中等温精密模锻是近年来发展起来的一种金属塑性加工新工艺。等温模锻的关键是带有加热器进行感应加热或电阻加热的模具,将模具和坯料都加热到坯料的锻造温度(介于冷锻和热锻之间的一个中间温度),并在整个变形过程中保持温度不变,以低应变速率进行的模锻。等温模锻常用于航空航天工业中的钛合金、铝合金、镁合金等难变形材料的精密成形,近年来也用于汽车和机械工业有色金属的精密成形。上述材料在采用一般锻造方法时,由于锻造温度范围比较窄,尤其在锻造具有薄的腹板、高筋和薄壁零件时,坯料的温度很快地向模具散失,变形抗力增加,塑性急剧降低,不仅需要大幅度地提高设备吨位,也易造成锻件和模具开裂。等温模锻减少或消除了模具的激冷和材料就应变硬化的影响,不仅变形抗力很小,而且有助于简化成形过程,可以生产出高精度的锻件;等温锻造材料利用率高,机械加工费用少,应用范围广。图 2-52 为等温模锻成形的钛合金斜流转子。

近几年,精密模锻技术得到迅速发展,越来越多地应用于汽车变速器、发动机齿轮,并在汽车工业中得到广泛应用。

图 2-52　钛合金斜流转子

7. 微成形技术

微成形技术是指以塑性加工的方法生产至少在二维方向上尺寸处于亚毫米级的零件或结构的工艺技术。该技术继承了传统塑性成形技术的优点,具有成形效率高、成形零件性能优异和精度高等特点,是低成本批量制造各种微结构和微型零件的重要加工方法之一。微成形技术在航空航天、能源、微电子、生物医疗和军工领域具有重要的应用前景。

微成形技术大致可分为微体积成形和微薄板成形两类。微体积成形包括挤压、墩粗、胀形和锻造等;微薄板成形包括拉深、冲裁和弯曲等。微体积成形时模具开腔的特征尺寸非常微小,有的甚至只有几十微米。微体积成形具有广泛的应用领域,如原材料经过微拉拔可得到直径为几十微米的线材,采用线切割、冷镦和轮辗等工艺可制造出螺钉、顶杆等微型连接零件。香港理工大学采用金属板材级进模具实现了微小体积的高质量成形,如图 2-53 所示。而日常生活中,摄像头金属支撑零件、各种芯片和管脚连接零件、耳机及助听器内部金属支撑零件等,均为微成形技术制造。图 2-54 是用于电视机电子枪的微杯形件。

图 2-53　微小体积的高质量成形

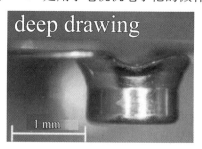

图 2-54　用于电视机电子枪的微拉深杯

微成形技术并不是传统冲压成形的简单几何缩小,零件微冲压成形中的"尺寸效应"会越发显著,并体现在零件的尺寸和形状、晶粒的大小和位置取向、摩擦作用和附着力等方面。而摩擦是金属塑性微成形技术中至关重要的一个因素,在微成形领域中,摩擦力随着尺寸的不断减小反而不断增大,使得不能把传统的冲压工艺直接转化为微冲压工艺。微成形对设备要求也非常高,传统塑性加工设备很难满足亚毫米以及微米级微型零件的成形,这就促进了微成形设备微型化的发展。随着微型零件需求量的增加,微型零件低成本批量制造技术成为急需解决的关键问题,因此高速、高精度、适合低成本批量生产的微成形设备已成为微成形技术实现工业化应用的一个重要发展方向。

此外,一些新型材料,例如超细晶、纳米晶材料、非晶合金,已逐步应用到微成形技术中,成为目前塑性微成形技术发展的研究趋势。

2.3　锻造工艺设计

2.3.1　制定自由锻工艺规程

自由锻工艺规程是指导锻件生产的依据,也是生产管理和质量检验的依据。制定自由锻工艺规程,必须密切结合生产实际条件、设备能力和技术水平等实际情况,力求最经济、合理地生产出合格的锻件。其主要内容包括:

①根据零件图绘制锻件图;

②确定坯料质量和尺寸;

③确定变形工序及选用工具;

④选择锻压设备;

⑤确定锻造温度范围、制定坯料加热和锻件冷却规范;

⑥制定锻件热处理规范;

⑦提出锻件的技术条件和检验要求;

⑧填写工艺规程卡片。

1. 绘制锻件图

锻件图是根据零件图绘制的,它是在零件图基础上,加上锻造余块、机械加工余量和锻造公差等因素,并考虑检验试样等绘制而成。锻件图是计算毛坯、设计工具和检验锻件的依据。

(1)锻件余块

当零件上带有凹槽、台阶、凸肩、法兰以及小孔等难以用自由锻方法锻出的结构,通常都需填满金属以简化锻件的形状,便于进行锻造,而增加的这一部分金属,称为锻件余块,也称锻件敷料,如图 2 - 55 所示。由于添加了余块,方便了锻造成形,但增加了机械加工工时和金属材料损耗。因此,是否添加余块应根据零件形状、锻造技术水平、机械加工工时、金属材料消耗、生产批量和工具制造等综合考虑确定。

对于某些重要锻件,为了检验锻件内部组织和力学性能,还需在锻件适当部位留出试样余块。试样余块位置与尺寸的确定,应能反映锻件的组织与性能。对于需要进行垂直热处理的大型锻件,要求锻件留有吊挂工件的热处理夹头(图 2 - 55)。此外,有的零件还要求锻件留有机械加工夹头。因此,这样设计的锻件形状常常与零件形状有所不同。

(2)机械加工余量

自由锻件的精度和表面质量都很低,一般达不到零件图的要求,锻后需要进行机械加工。为此,锻件表面留有供机械加工用的金属层,即机械加工余量(以下简称余量),如图

2-53 所示。余量的大小与零件的形状和尺寸、加工精度和表面粗糙度要求、锻造加热质量、设备工具精度和操作者技术水平等有关。零件越大,形状越复杂,则余量越大。锻件加工余量数值可查阅锻工手册。

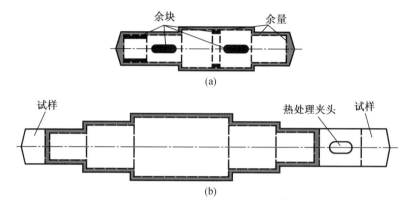

图 2-55　锻件各种余块和机械加工余量

(a)带键槽轴类件;(b)带热处理夹头和试样的轴类件

(3)锻件公差

在实际锻造生产中,由于各种因素影响,如锻造时测量误差、终锻温度的差异、工具与设备状态和操作者技术水平等,锻件的实际尺寸不可能达到锻件的公称尺寸,允许有一定限度的误差,叫作锻造公差。锻件公差的确定,可查阅有关国家标准并结合实际情况选择。

当锻件余块、机械加工余量和锻件公差等确定好之后,便可绘制锻件图。锻件图上的锻件外形用粗实线,为了便于了解零件的形状和检查锻后的实际余量,在锻件图内还要用假想线(一线两点的点画线,或细实线画出零件的简单形状)画出零件的主要轮廓形状,并在锻件线的下面用圆括号标出零件尺寸。锻件的尺寸和公差标注在尺寸线上面,零件的尺寸加括号标注在尺寸线下面。如果锻件有检验试样、热处理夹头时,还应在锻件图上注明其尺寸和位置。在图上无法表示的某些条件,可以技术条件的方式加以说明。图 2-56 所示为一典型锻件的锻件图。

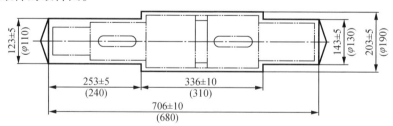

图 2-56　典型锻件的锻件图

2. 确定毛坯的质量和尺寸

(1)毛坯质量的计算

自由锻所用毛坯质量为锻件的质量与锻造时各种金属损耗的质量之和,即

$$m_{毛坯} = m_{锻件} + m_{切头} + m_{烧损} \qquad (2-3)$$

式中　$m_{毛坯}$——所需的锻造前的原毛坯质量；

　　　$m_{锻件}$——锻件质量；

　　　$m_{切头}$——锻造过程中切掉的料头等的质量；

　　　$m_{烧损}$——烧损的质量。

当用钢锭作原毛坯时,式(2-3)中还应加上冒口质量和底部质量。

(2)毛坯尺寸的确定

毛坯尺寸的确定与所采用的第一个工序有关,所采用的工序不同,计算毛坯尺寸的方法也不一样。

①采用镦粗法锻造毛坯时,毛坯尺寸的确定。

对于钢坯,为避免镦粗时产生弯曲,毛坯的高度 H 不应超过其直径 D (或方形边长 A)的 2.5 倍,即高径比应小于 2.5,为了在截料时便于操作,高径比应大于 1.25,即

$$1.25 \leqslant \frac{H_0}{D_0} \leqslant 2.5 \tag{2-4}$$

由于毛坯质量已知,便可算出毛坯体积 $V_{坯}$,再根据公式(2-2)条件,便可导出计算圆形截面毛坯直径 D_0 (或方形截面边长 A_0)的公式。

对圆毛坯:

$$D_0 = (0.8 \sim 1.0) \sqrt[3]{V_{坯}} \tag{2-5}$$

对方毛坯:

$$A_0 = (0.75 \sim 0.9) \sqrt[3]{V_{坯}} \tag{2-6}$$

初步确定毛坯直径 D_0 (或边长 A_0)之后,应按国家标准选用标准直径(或边长)。在选定毛坯直径后,就可根据毛坯体积 $V_{坯}$ 确定毛坯高度 H_0 (即下料长度)。

对圆毛坯:

$$H_0 = V_{坯} \Big/ \left(\frac{\pi}{4} D_0'^2 \right) \tag{2-7}$$

对方毛坯:

$$H_0 = V_{坯} \Big/ A_0'^2 \tag{2-8}$$

对算得的毛坯高度 H ,还需按下式进行检验:

$$H = 0.75 H_{行程} \tag{2-9}$$

其中, $H_{行程}$ 为锤头的行程。

②采用拔长方法锻造锻件时,毛坯尺寸的确定

当头道工序为拔长时,坯料截面积 $A_{坯}$ 的大小应保证能够得到所要求的锻造比,即

$$A_{坯} \geqslant Y A_{锻} \tag{2-10}$$

式中　Y——锻比；

　　　$A_{锻}$——锻件的最大截面积。

通常原毛坯直径按下式计算:

$$D_0 = 1.13 \sqrt{Y A_{锻}} \tag{2-11}$$

然后根据国家标准选用标准直径。若没有所需的尺寸时,则取相邻的较大的标准尺

寸。最后,根据毛坯体积 $V_坯$ 和确定的毛坯截面积求出毛坯的长度 $L_坯$。

3.锻造变形工序的制定

制定锻造变形工艺过程的内容有:确定锻件成形必须采用的基本工序、辅助工序和精整工序,以及确定变形工序顺序、设计工序尺寸等。各类锻件变形工序的选择,可根据锻件的形状、尺寸和技术要求,结合各锻造工序的变形特点,参考有关典型工艺具体确定。

4.锻造设备的选择

自由锻常用设备为自由锻锤和液压机两种。这些设备虽无过载损坏问题,但若设备吨位选得过小,则锻件内部锻不透,且生产率低;反之,若设备吨位选得过大,不仅浪费动力,还会因为设备工作速度低而影响生产效率和增加生产成本,而且操作不便、不安全。锻锤的吨位是以落下部分的质量来表示的。生产中常使用的锻锤是空气锤和蒸汽 – 空气锤,可用来生产质量小于 1 500 kg 的锻件。液压机产生静压力使金属坯料变形。目前大型水压机可达万吨以上,能锻造 400 t 以上的大型锻件。由于静压力作用时间长,容易达到较大的锻透深度,故液压机锻造可获得整个断面为细晶粒组织的锻件,液压机是大型锻件的唯一成形设备。确定设备吨位的方法可以查阅相关专业手册来获得相关公式。

5.确定锻造温度范围

锻造温度范围是指始锻温度和终锻温度间的一段温度间隔。金属加热后开始锻造的温度称为始锻温度,主要受到过热和过烧的限制,一般应低于熔点的 $100 \sim 200 ℃$;金属锻造中允许的最低变形温度称为终锻温度,主要保证在结束锻造之前金属还具有足够的塑性以及锻件在锻后获得再结晶组织,但过高的终锻温度也会使锻件在冷却过程中晶粒继续长大,这会降低材料力学性能。为使材料具有良好可锻性(较高的塑性和较低的变形抗力)和合适的金相组织,并减少锻造火次,提高生产效率都力求扩大锻造温度范围。应在保证不出现过热和过烧的前提下尽量提高始锻温度。一般低、中碳钢的终锻温度控制在 $800 ℃$ 左右。

6.轴类零件的自由锻工艺举例

下面以一传动轴为例,介绍制定其自由锻工艺过程。该传动轴零件图如图 2 – 57 所示,生产数量为 3 件。根据零件的尺寸可知,其属于锤上锻造范围。

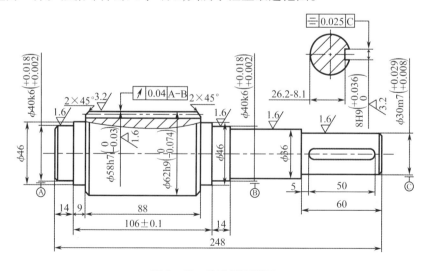

图 2 – 57 传动轴零件图

（1）绘制锻件图

①根据 GB/T 15826.7—1995《台阶轴类锻件机械加工余量与公差》标准及《台阶和凹挡的锻出条件》，确定锻件余块简化锻件形状。

由零件图，零件总长为 248 mm，查标准可知，台阶高度 h 小于 5 的不锻出，而 $5 < h < 8$ 的可锻出的台阶或凹挡最小长为 100 mm。由此，最大直径 $\phi62$ mm 右端可锻出一层台阶，其左端台阶不锻出。

②确定机械加工余量与公差。根据 GB/T 15826.7—1995《台阶轴类锻件机械加工余量与公差》标准，精度为 F 级的该锻件，零件直径 $\phi46$ mm 和 $\phi62$ mm，其机械加工余量和公差为 8 ± 3。零件总长为 248 mm 和长度为 111 mm 的台阶，其机械加工余量和公差为 16 ± 6。绘制锻件图，如图 2 – 58 所示。

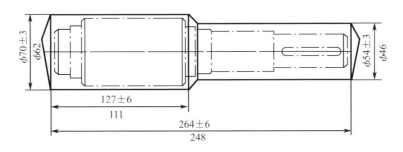

图 2 – 58　传动轴锻件图

（2）计算坯料质量

锻件的质量由基本尺寸再加上二分之一上偏差来计算。

$$m_{锻} = \rho V_{锻} = 7.85 \times \frac{\pi}{4}(0.715^2 \times 1.3 + 0.555^2 \times 1.37) = 6.72 \text{ kg}$$

由表 3 – 4，锻件两端切头质量为

$$m_{切头} = 0.22 \times (0.555^3 + 0.715^3) \times 7.85 = 0.93 \text{ kg}$$

由 $m_{毛坯} = m_{锻件} + m_{切头} + m_{烧损}$

按一般火焰加热，烧损率取 δ 为 3%。

$$\begin{aligned}
m_{毛坯} &= m_{锻件} + m_{切头} + m_{烧损} \\
&= (m_{锻} + m_{切头}) \times (1 + 3\%) \\
&= (6.72 + 0.93) \text{ kg} \times 1.03 \\
&= 7.8795 \text{ kg}，取 m_{毛坯} = 7.9 \text{ kg}
\end{aligned}$$

本锻件全部采用拔长工序完成。取锻比为 2.5，则坯料的直径为

$$D_0 = 1.13\sqrt{YA_{锻}} = 1.13\sqrt{2.5 \times 71.5^2 \times \pi/4} = 113.19 \text{ mm}$$

根据表 3 – 7 国家标准棒料直径，取毛坯直径 D_0 为 115 mm，毛坯的长度为

$$L_0 = m_{毛坯} / \left[7.85 \times \left(\frac{\pi}{4} \times D_0^2\right)\right] = 97 \text{ mm}$$

（3）拟定锻造工序

轴类锻件的锻造工序主要拔长、压肩和精整工序。自由锻变形工序为：下料—拔长—

压肩—拔长一端—修正。工艺过程如图 2-59 所示。

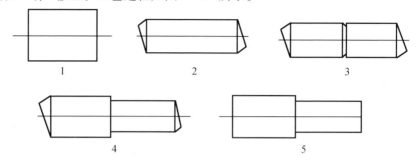

图 2-59 传动轴锻造工艺过程

1—下料;2—拔长;3—压肩;4—拔长一端;5—切料头,修整

(4)确定锻压设备与工具

由锻件尺寸,查表可知,选用 0.25 t 自由锻锤即可。

(5)锻造温度范围

查 40Cr 始锻温度为 1 200 ℃,终锻温度为 800 ℃。

(6)填写工艺卡片

表 2-1 传动轴自由锻工艺卡

锻件名称	传动轴		工艺类别	自由锻
钢号	40Cr		设备	0.25 t 空气锤
加热火次	1		锻造温度范围 800~1 200 ℃	
锻件图				坯料图

序号	工序名称	工序简图	使用工具	操作要点
1	下料		锯床	
2	拔长		0.25 t 空气锤	坯料加热,由 ϕ115 圆棒料拔长至 ϕ70 圆坯

表 2-1(续)

序号	工序名称	工序简图	使用工具	操作要点
3	压肩	$\phi70\pm3$ 127±6	0.25 t 空气锤	在图中长 127 mm ±6 mm 处,用三角压铁压槽
4	拔长一端	$\phi70\pm6$ $\phi54\pm3$ 127±6 264±6	0.25 t 空气锤	拔长一端至 $\phi54$,长度至 264 mm ± 6 mm
5	切去料头,修整	$\phi70\pm6$ $\phi54\pm3$ 127±6 264±6	0.25 t 空气锤	切去料头,摔圆、校直

2.3.2 制定模锻工艺规程

模锻工艺规程是指导模锻件生产、规定操作规范、控制和检测产品质量的依据。其主要内容包括锻件图的设计、计算坯料尺寸、确定模锻工步、选择锻压设备和确定锻造温度范围等。本书以锤上模锻的锻件为设计对象,简要介绍模锻图绘制。

模锻件的锻件图分为冷锻件图和热锻件图两种。冷锻件图用于最终锻件的检验,热锻件图用于锻模的设计和加工制造。这里主要讨论冷锻件图的绘制,而热锻件图是以冷锻件图为依据,在冷锻件图的基础上,对尺寸加放收缩率而绘制的。锻件图应根据零件图的特点考虑确定分模面、加工余量、锻造公差、工艺余块、模锻斜度、圆角半径等绘制。

1. 确定分模面

模锻件是在可分的模腔中成形的,组成模具型腔的各模块的分合面称为"分模面"。模锻件分模位置是否合理,直接关系到锻件成形、出模和材料利用率等一系列问题。确定分模面位置的最基本原则如下。

(1)分模面一般选在具有最大水平投影尺寸的截面上

为保证锻件容易从锻模的模腔中取出,锻件的分模面一般选在具有最大水平投影尺寸的截面上。图 2-60 为一个模锻件以及它的模腔的结构,这个模锻件的特点是中间圆截面直径比较大,如果按如图 2-60(a)所示选择分模面,在锻造之后由于锻模的阻碍的作用,就不能把锻件从模腔内取出,如图 2-60(b)所示。这时候就要考虑在最大截面上分模面在最大截面上,是便于取出锻件的。

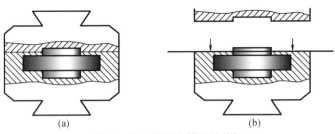

图 2 - 60　模锻分模面的选择

（2）分模面的位置应保证其上、下模膛的轮廓相同

若上、下模镗的轮廓是不一致，如图 2 - 61 所示，就容易发生错模现象，会造成模锻件尺寸出现偏差。如果上、下模膛的轮廓相同，那么在安装锻模的时候以及在生产过程中如果出现错模现象，我们就可以及时发现并加以调整了。

（3）最好把分模面选在模膛深度最浅的位置

分模面选在模膛深度最浅的位置，可以使金属容易充满模膛，便于取出锻件的，同时也有利于锻模的制造。如图 2 - 62 所示，由于模膛较深，锻造时金属就不能够充满整个模膛。同时，对于有孔的盘类件，此种分模方式是锻不出中心孔的，若留给后续切削加工，敷料就会比较多，浪费金属，降低材料的利用率，又增加切削加工的工作量。

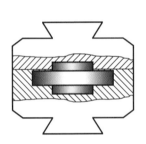

图 2 - 61　上、下膜膛的轮廓不一致

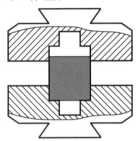

图 2 - 62　上、下膜膛较深

（4）分模面应尽可能采用平面直线分模，并应使分模面选在锻件侧面的中部

为便于模具制造，分模面应尽可能采用直线分模，并应使分模线选在锻件侧面的中部。图 2 - 63 中的 $a - a$ 截面分模比 $b - b$ 截面分模要好，因为折线分模增加了锻模的制造难度。

（5）头部尺寸较大的长轴类锻件，为保证整个锻件全部充满成形，应改用折线分模

如图 2 - 64 所示，折线分模比直线分模效果好，能够使上、下模膛深度大致相等，以确保模膛能全部充满。

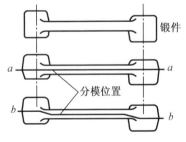

图 2.63　分模面的选择比较图

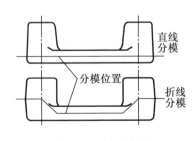

图 2 - 64　折线分模

（6）对于有金属流线方向要求的锻件，应考虑锻件工作时的受力情况

如图 2-65 所示的锻件，Ⅱ-Ⅱ 的位置在工作中承受剪应力，其流线方向与剪切方向垂直，而应避免纤维组织被切断，因此该锻件在 Ⅰ-Ⅰ 截面分模要比在 Ⅱ-Ⅱ 截面分模好。

2. 确定加工余量和锻造公差

普通模锻方法很难满足机械零件对形状、尺寸精度、表面粗糙度的要求。因为毛坯在高温下会产生表面氧化、脱碳以及合金元素烧损，此外，由于锻模磨损和上、下模的错移现象，导致锻件尺寸出现偏差。使得锻件还需要经过切削加工才能成为零件，因此，锻件需要留有加工余量和锻造公差。具体数值可以从国家标准 GB/T 12362—2003 的规定中查取。

图 2-65　有流线方向要求的锻件分模面位置

4. 确定模锻斜度和圆角半径

为了使锻件容易从模腔中取出，在锻件的出模方向设有斜度，称为模锻斜度，如图 2-66 所示。模锻斜度分外斜度和内斜度。锻件冷却收缩时与模壁之间间隙增大部分的斜度称为外模锻斜度（α），与模壁之间间隙减少部分的斜度称为内模锻斜度（β）。锤上模锻斜度一般取 5°，7°，10°，12°，15°等标准度数，而且内壁斜度应较外壁斜度大 2°~3°，因为锻件在冷却时，外壁趋向离开模壁，而内壁则包在模腔凸起部分不易取出。由于斜度加大会增加金属消耗和机械加工余量，同时模锻时金属所受阻力会增大，使金属填充困难。因此，在保证锻件能顺利取出的前提下，模锻斜度应尽可能取小值。模锻斜度可按 GB/T 12361—2003《锤上模锻件模锻斜度数值表》标准查取。

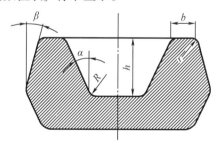

图 2-66　模锻斜度和圆角半径示意图

为了使金属在模腔内易于流动，防止应力集中，模锻件上的转角处都应有适当的圆角过渡，相应的在锻件上形成的圆角，称为圆角半径。锻件上的凸出的圆角半径称为外圆角半径 r，凹入的圆角半径称为内圆角半径 R。外圆角的主要作用是避免锻模的相应部分因产生应力集中造成开裂；内圆角的主要作用是使金属易于流动充满模腔，避免产生折叠，防止模腔压塌变形。为保证制造模具所用的刀具标准化，圆角半径一般按下列数值选取：1 mm，1.5 mm，2 mm，2.5 mm，3 mm，4 mm，5 mm，6 mm，8 mm，10 mm，12 mm，15 mm。圆角半径大于 15 mm 时，逢 5 递增。

5. 确定冲孔连皮

当模锻件上有孔径 $d \geqslant 25$ mm 且深度 $h \leqslant 2d$ 的孔时,该孔应模锻出来。但模锻不能直接锻出通孔,因此,孔内需留有一层称为"连皮"的金属层,被称之为冲孔连皮,之后还需要在切边压力机上冲去连皮,获得带透孔的锻件。如图 2–67 所示,冲孔连皮的厚度与孔径 d 有关,当孔径为 30~80 mm 时,其厚度为 4~8 mm。

上述各参数确定好后便可绘制模锻件的冷锻件图。锻件图中锻件轮廓线用粗实线绘制;零件轮廓线用双点画线绘制;锻件分模线用点画线绘制。齿轮零件零件图及模锻件图如图 2–68 所示。

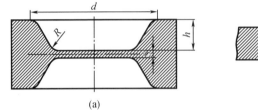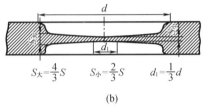

图 2–67　冲孔连皮

(a)平底连皮;(b)斜底连皮

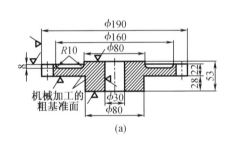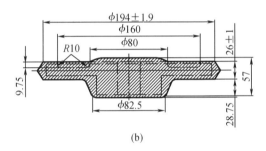

图 2–68　齿轮零件和锻件示意图

(a)零件图;(b)锻件图

6. 锻件技术要求

凡有关锻件的质量及其检验等问题,在图样中无法表示或不便表示时,均应在锻件图的技术要求中用文字说明,其主要内容如下:

①未注明的模锻斜度和圆角半径;

②允许的表面缺陷深度;

③允许的错移量和残余毛边的宽度;

④锻件的热处理及硬度要求,测试硬度的位置;

⑤需要取样进行金相组织和力学性能试验时,应注明锻件上的取样位置;

⑥表面清理和防护方法;

⑦其他特殊要求,如锻件同轴度、弯曲度等。

锻件图中的技术要求的允许值除特殊要求外均按 GB/T 12361—2003 和 GB/T 12362—2003 的规定确定。技术要求的顺序,应按生产过程检验的先后进行排列。

2.4 锻件结构工艺性

2.4.1 自由锻件结构工艺性

在设计自由锻件时,除满足使用性能的要求外,还应考虑锻造时是否可能,是否方便和经济,即零件结构要满足自由锻造的工艺性能要求。

1. 尽量避免锥体或斜面结构

如果锻件上带有锥体或斜面的结构(图 2-69(a)),则需要用专门工具,锻造成形比较困难,因此从工艺上考虑是不合理的,应尽量避免锥体或斜面结构,图 2-69(b)为合理设计的结构。

2. 避免圆柱面与圆柱面相交

两圆柱体交接处的锻造很困难,应设计成平面与圆柱或平面与平面相接,消除空间曲线结构,使锻造成形容易实现,如图 2-70 所示。

3. 避免椭圆形、工字形或其他非规则形状截面及非规则外形

具有椭圆形、工字形或其他非规则形状截面及非规则外形的锻件表面都难以用自由锻方法获得,因此应避免此类结构,如图 2-71 所示。

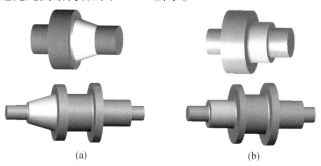

(a)   (b)

图 2-69 轴类锻件结构

(a)不合理结构;(b)合理结构

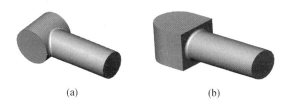

(a)   (b)

图 2-70 杆类锻件结构

(a)不合理结构;(b)合理结构

4. 避免加强筋和凸台等辅助结构

加强筋和表面凸台等辅助结构是难以用自由锻造方法获得的,因此应避免加强筋和凸台等辅助结构,如图 2-72 所示。

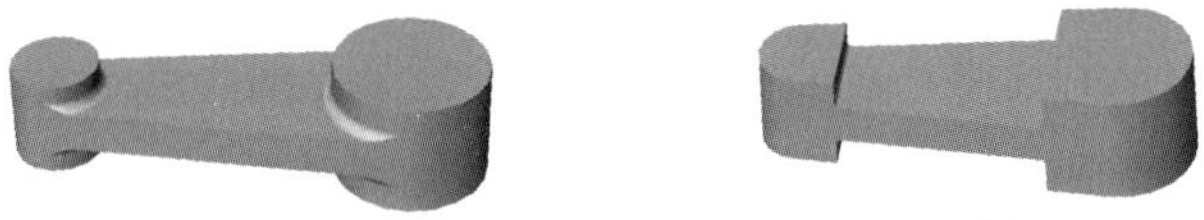

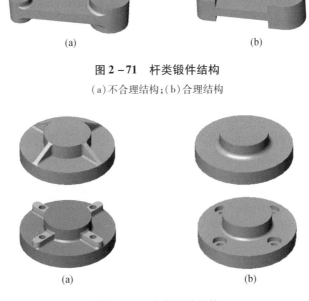

图 2 - 71　杆类锻件结构

(a)不合理结构;(b)合理结构

图 2 - 72　盘类锻件结构

(a)不合理结构;(b)合理结构

5. 复杂零件可设计成简单件的组合体

横截面有急剧变化或形状复杂的锻件,应设计成为由简单件构成的组合体。锻造成形后,再用焊接或机械连接方式来构成整体零件,如图 2 - 73 所示。

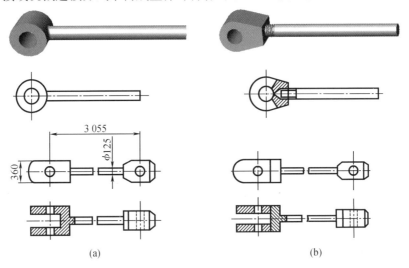

图 2 - 73　复杂件结构

(a)不合理结构;(b)合理结构

2.4.2　模锻件的结构工艺性

模锻件的成形条件比自由锻件优越,因此其形状可以比自由锻件复杂。在设计模锻件时,应

使零件与模锻工艺相适应,以便于模锻生产和降低成本。为此,锻件的结构应符合下列原则:

①模锻件的形状应能使锻件易于充满模腔并从模腔中顺利地取出。必须有一个合理的分模面,分模面应是模腔深度最小、截面积最大、敷料最少的平面。

②锻件上与分模面垂直的表面应设计有模锻斜度,以便于锻件易于从模腔内取出。非加工表面所形成的交角都应按模锻圆角设计。

③锻件外形应力求简单、平直、对称,避免零件截面间差别过大,或具有薄壁、高筋等不良结构。如图 2 - 74(a)所示的锻件,其最小截面与最大截面之比如小于 0.5,就不宜采用模锻。此外,该零件的凸缘太薄、太高,中间下凹太深,使得金属不易充型。又如图 2 - 74(b)所示的零件过于扁薄,薄壁部分金属模锻时容易冷却,模锻时薄的部分不易充满模腔。

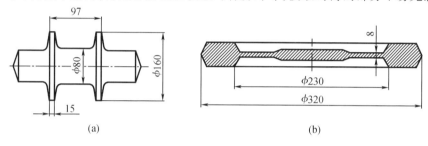

图 2 - 74　模锻件的形状

(a)高筋件;(b)薄壁件

④模锻件应尽量避免窄沟、深槽和深孔、多孔结构,以便于模具的制造和延长锻模的寿命。如图 2 - 75 所示的齿轮零件,其上的四个 $\phi20$ mm 的孔就不能锻出,只能采用机械加工的方法。

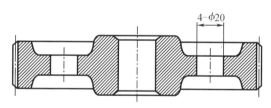

图 2 - 75　多孔齿轮

⑤对复杂锻件,为减少工艺敷料,简化模锻工艺,在可能的条件下,应采用锻造 - 焊接或锻造 - 机械连接组合工艺,如图 2 - 76 所示。

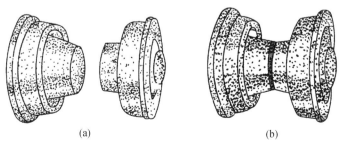

图 2 - 76　锻造 - 焊接组合件

2.5　冲压件结构工艺性

2.5.1　冲裁件的结构工艺性

冲裁件的结构工艺性是指其结构、形状、尺寸符合冲裁加工工艺和要求。良好的工艺性应能采用最少的材料及能源消耗,最简便的冲压加工方法,生产出符合品质要求的产品。主要有以下几个方面的内容。

1. 冲裁件的形状

冲裁件的形状应尽量简单、对称,最好由规则的几何形状、圆弧、直线等组成。工件的形状及尺寸应考虑到使废料尽可能减少,增加材料利用率。如果对工件作用功能无影响,应尽量设计成少、无废料的工件形状。如图 2－77 所示工件,在三孔尺寸及间距必须保证的前提下,对工件形状做了改进,达到提高材料利用率、降低成本的目的。冲裁件的形状还要尽可能避免长槽和细长悬壁结构(图 2－78)。

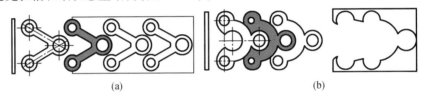

(a)　　　　　　　　　　(b)

图 2－77　冲裁件形状改进示意图

2. 冲裁件的圆角

冲裁工件轮廓图形上,直线与直线,或直线与弧线成某角度相交时,应在交接部位以圆角连接。如果是尖角连接,则不仅模具制造困难,模具磨损很快,有时还不得不增加工序来完成制作。

3. 冲裁件尺寸

冲裁时由于受凸、凹模强度和模具结构的限制,冲裁件的最小尺寸有一定限制。孔的极限尺寸与材料性质、料厚及孔的形状等因素有关。为了保证冲裁模的强度及冲裁工件的质量,冲裁件的孔间距及孔到工件外缘的距离不能过小,一般要大于 $2t$(t 为板料厚度)。

如图 2－79 所示,图中对冲孔的最小尺寸,孔与孔、孔与边缘之间的距离等尺寸都有一定的限制。

在成形件如弯曲或拉深件上冲孔时,孔边与工件直壁之间的距离不能过小。一旦距离过小,如果是先冲孔后弯曲,弯曲时孔会产生变形;如果是先弯曲(或拉深)后冲孔,则冲孔凸模刃部部分边缘将处在弯曲区内,会受到横向力而极易折断,使冲孔十分困难,甚至改成用生产效率较低的钻孔来加工。

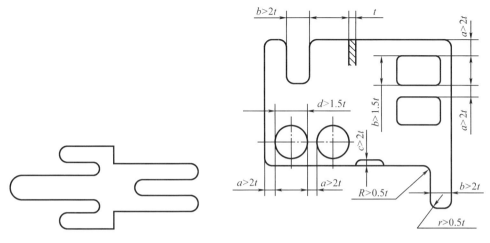

图 2-78　不合理的冲裁件外形　　　　图 2-79　冲裁件有关尺寸的限制

2.5.2　弯曲件的结构工艺性

1. 弯曲件的弯曲半径

弯曲件的最小弯曲半径 $r_{\min}$ 不能小于材料许可的最小弯曲半径,否则将弯裂。

2. 弯曲件的直边高度

弯曲件的直边高度 $H > 2t$。若 $H < 2t$,则应增加直边高度,弯好后再切掉多余材料,如图 2-80 所示。

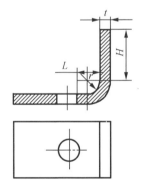

图 2-80　弯曲件的直边高度

3. 弯曲件孔边距

弯曲预先已冲孔的毛坯时,必须使孔位于变形区以外,以防止孔在弯曲时产生变形,并且孔到弯曲半径中心的距离应根据料厚取值,即:当 $t < 2$ mm 时,$L \geqslant t$;当 $t \geqslant 2$ mm 时,$L \geqslant 2t$。

若 L 过小,可采取凸缘形缺口或月牙槽的措施,也可在弯曲线处冲出工艺孔,以转移变形区,如图 2-81 所示。

图 2 - 81　孔边距过小时的弯曲方法

(a)冲出凸缘形缺口;(b)冲出月牙槽;(c)冲出工艺孔

4. 弯曲件的形状

弯曲件的形状应尽量对称,弯曲半径应左右一致,保证板料受力时平衡,防止产生偏移。当弯曲不对称制件时,也可考虑成对弯曲后再切,如图 2 - 82 所示。

5. 弯曲件的尺寸公差

弯曲件的尺寸公差等级最好在 IT13 以下,角度公差大于 15′。

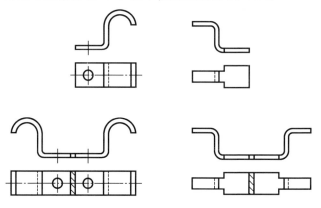

图 2 - 82　成对弯曲成形

2.5.3　拉深件的结构工艺性

1. 拉深件的形状

拉深件的形状应力求简单、对称,尽量采用圆形、矩形等规则形状,以利于拉深。

2. 拉深件的圆角半径

拉深件的圆角半径应尽可能大些,以便于成形和减少拉深次数及整形工序。

3. 拉深件各部分的尺寸比例

拉深件各部分的尺寸比例应合理,其凸缘的宽度应尽量窄而一致,以便使拉深工艺简化。

4. 拉深件的公差等级及表面质量

拉深件直径尺寸的公差等级为 IT9 ~ IT10,高度尺寸公差等级为 IT8 ~ IT10,经整形工序后公差等级可达 IT6 ~ IT7。拉深件的表面质量取决于原材料的表面质量,一般不应要求过高。

复习思考题

1. 什么是金属的塑性？什么是塑性成形，塑性成形有何特点？

2. 简述多晶体塑性变形的特点？何为细晶强化？

3. 什么是加工硬化？产生加工硬化的原因是什么？简述加工硬化的利与弊。

4. 什么是冷变形和热变形？金属在热塑性变形之后，其组织和性能发生了什么样的变化？

5. 何为锻造比？金属塑性变形时，为什么要选择合适的锻造比？

6. 锻造流线是怎么样形成的？螺栓分别用棒料切削成形和镦锻成形，其力学性能有何区别，为什么？

7. 什么是金属的可锻性？影响金属可锻性的主要因素有哪些？

8. 自由锻工序分为哪三类，各包含哪些主要内容？

9. 试分析在拉深时，工件被拉裂的原因是什么，应该如何防止？

10. 对题图 1(a)(b)所示锤上模锻件的分模面进行修正，并说明理由。

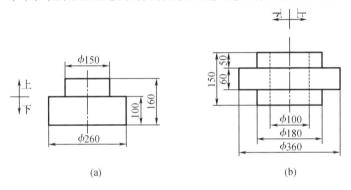

题图 1

11. 题图 2 为齿轮零件图(次要尺寸从略)，锤上模锻制坯。从其结构上看，有哪些不妥之处，为什么？应如何改进？

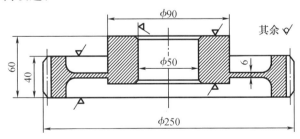

题图 2

第3章 焊接成形技术

工业生产中往往需要将两个(或多个)毛坯(或零件)连接成所需的构件(或部件)。通过机械、物理或化学方法,将多个零件连接成一个整体,并保持稳定的相互位置关系的工艺方法,称为连接技术。连接技术根据其性质可分为两大类:可拆连接和永久性连接。一般的机械连接方法(如螺纹连接、销连接、键连接、型面连接及过盈配合连接等)都属于可拆连接,而永久性连接主要包括焊接、铆接和粘接三种方法。焊接是永久性连接中十分重要的技术之一,本章主要介绍焊接技术。

焊接是指通过适当的手段,使两个分离的物体产生原子间(或分子间)结合而连接成一体的一种永久性连接方法。

与其他连接方法相比,焊接方法的主要特点是:

(1)节省金属材料,减轻结构质量。焊接的金属结构件可比铆接节省 10% ~ 25% 的材料。采用点焊的飞行器结构质量明显减轻,燃料消耗降低,运载能力提高。

(2)简化加工与装配工序。焊接方法灵活,可化大为小,以简拼繁,加工快,工时少,生产周期短。许多结构都以铸-焊、锻-焊形式组合,简化了加工工艺。

(3)适应性强。多样的焊接方法几乎可焊接所有的金属材料和部分非金属材料。可焊范围较广,而且连接性能较好。焊接接头可达到与母材等强度或相应的特殊性能。

(4)满足特殊连接要求。不同材料焊接在一起,能使零件的不同部分或不同位置具备不同的性能,达到使用要求,如防腐容器双金属筒体的焊接、钻头工作部分与柄的焊接、水轮机叶片耐磨表面的堆焊等。

早在远古的青铜、铁器时代,当人类刚开始掌握金属冶炼工艺并用来制作简单的生产生活器具时,火烙铁钎焊、锻接等简单的金属连接方法就已为古人所发现而得到应用。

据国外权威机构统计,目前,各种门类的工业制品中,半数以上都需要采用一种或多种焊接与连接技术才能制成,据工业发达国家统计,每年仅需要焊接加工后使用的钢材就占钢总产量的 45% 左右。

钢铁、车辆、舰船、飞行器、核反应堆、发电站、石化设备、机床、工程机械、电机电器、微电子产品和家电等众多现代工业产品,以及桥梁、建筑、远距离输送管道、高能粒子加速器等重大工程建设中,焊接与连接都占据着十分重要的地位。

3.1 焊接理论基础

焊接过程中一般需要对焊接区域进行加热,使其达到或超过材料的熔点(熔焊),或接近熔点的温度(压焊),随后冷却,形成焊接接头。典型手工电弧焊的焊接过程如图 3-1 所示。焊条与被焊工件之间燃烧产生的电弧热使工件和焊条同时熔化形成熔池。药皮燃烧

产生的 CO_2 气流围绕电弧周围,连同熔池中浮起的熔渣可阻挡空气中的氧气、氮气等侵入,从而保护熔池金属。手工电弧焊的冶金过程如同在小型电弧炼钢炉中进行炼钢,焊接熔池中进行着熔化、氧化还原、造渣、精炼和掺合金等一系列物理、化学过程。电弧焊过程中,电弧沿着工件逐渐向前移动,并对工件局部进行加热,使工件和焊条金属不断熔化成新的熔池,原先的熔池则不断地冷却凝固,形成连续焊缝。

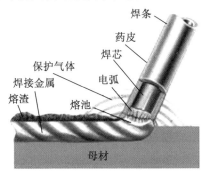

图 3 - 1　手工电弧焊的焊接过程

3.1.1　焊接热过程

熔焊时对焊接区域进行的加热和冷却过程称为焊接热过程。焊接热过程贯穿整个焊接过程的始终,决定焊接应力、应变、冶金反应、结晶和相变等,从而成为影响焊接质量和焊接生产率的主要因素之一。

1. 焊接热源

历史上每一种新热源的出现,都伴随着新的焊接方法的问世,焊接技术发展到今天,可以说几乎运用了一切可以利用的热源。事实上,现代焊接技术的发展过程也是与焊接热源的发展密切相关的。

现代焊接生产对于焊接热源的要求主要是:

(1)能量密度高,并能产生足够高的温度。高能量密度和高温可以使焊接加热区域尽可能小,热量集中,并实现高速焊接,提高生产率。

(2)热源性能稳定,易于调节和控制。热源性能稳定是保证焊接质量的基本条件。

(3)热效率高,能源消耗低。尽可能提高焊接热效率,节约能源消耗有着重要的经济意义和社会意义。

主要焊接热源有火焰、电弧、电阻热、超声波、摩擦热、电子束、激光、微波等,各种焊接热源的主要特性如表 3 - 1 所示。

表 3 - 1　各种焊接热源的主要特性

热源	最小加热面积/cm^2	最大功率密度/$(W \cdot cm^{-2})$	一般焊接工艺下的温度/K
氧乙炔火焰	10^{-2}	2×10^3	3 500
金属极电弧	10^{-3}	10^4	6 000

表 3 – 1(续)

热源	最小加热面积/cm²	最大功率密度/(W·cm⁻²)	一般焊接工艺下的温度/K
钨极氩弧	10^{-3}	1.5×10^4	8 000
埋弧焊电弧	10^{-3}	2×10^4	6 400
电渣焊热源	10^{-3}	10^4	2 300
惰性气体保护焊电弧	10^{-4}	$10^4 \sim 10^5$	—
等离子弧	10^{-5}	1.5×10^5	18 000 ~ 24 000
电子束	10^{-7}	—	—
激光	10^{-8}	$10^7 \sim 10^9$	—

熔焊中以电弧为加热热源的电弧焊是熔焊中最基本、应用最广泛的焊接方法。下面以焊接电弧为例介绍焊接热源。焊接电弧由阳极区、阴极区和弧柱组成,如图 3 – 2 所示。

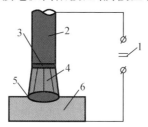

图 3 – 2　电弧的构造

1—电源;2—焊条;3—阴极区;4—弧柱区;5—阳极区;6—工件

阴极区因发射大量电子而消耗一定能量,产生的热量较少,约占电弧热的 36%,阳极表面受高速电子的撞击,传入较多的能量,因此阳极区产生的热量较多,占电弧热的 43%。其余 21% 左右的热量在弧柱区产生。

电弧中阳极区和阴极区的温度因电极的材料(主要是电极熔点)不同而有所不同。用钢焊条焊接钢材时,阳极区热力学温度约 2 600 K,阴极区热力学温度约 2 400 K。由于电弧的热交换在弧柱区最为激烈,因而弧柱区温度高,其热力学温度高达 5 000 ~ 8 000 K。

使用直流弧焊电源焊接时,当焊件厚度较大,要求用较大热量迅速熔化时,宜将焊件接电源正极,焊条接负极,这种接法称为正接法;当要求熔深较小,焊接薄钢板及有色金属时,宜采用反接法,即将焊条接正极、焊件接负极。交流电弧焊极区:由于极性是交替变化的,因此,阳极区、阴极区的温度和热量分布基本相等。

由上述可知,电弧作为热源,其特点是温度很高,热量相当集中。因此,用于焊接时金属熔化的速度非常快。使金属熔化的热量主要产生于两极,而弧柱温度虽高,但大部分热量散失于周围气体中,对金属熔化并不起重要作用。

2. 焊接热过程的特点

焊接热过程是一个复杂的热过程,它不同于一般的整体均匀加热,具有以下特点:

(1)局部性。焊接时的加热不是焊件的整体受热,而是热源直接作用的局部区域,因此对于整体焊件来说,加热极不均匀。

（2）瞬时性。焊接热过程是一个瞬时进行的过程,由于在高度集中的热源的作用下,加热速度极快（在电弧焊的条件下,加热速度可达 1 500 ℃/s 以上）,即在很短的时间内,把大量的热由热源传递给焊件。

（3）移动性。焊接热过程中的热源是相对运动着的,由于焊接时焊件受热的区域不断变化,使得这种传热过程是不稳定的。

3. 焊接热过程对焊接质量和焊接生产率的影响

由于焊接热过程具有的上述特点,因此其对焊接质量和焊接生产效率有重要的影响。

（1）焊接由于受到不均匀的局部加热熔化,熔池金属会与气体发生反应,从而改变金属的化学成分,而在冷却凝固时,得到不同的组织,这会使焊缝金属有可能产生缺陷或使焊缝金属的性能发生很大变化。

（2）焊接热过程使焊接热影响区的组织和性能发生变化。

（3）焊接热过程的不均匀加热,使焊件各区域的何种膨胀和收缩不一致,导致焊件结构中产生焊接变形与应力。

（4）加热方式的不同使得不同的焊接方法之间的生产效率存在很大的差异。

3.1.2　焊接冶金过程

熔焊时,伴随着母材被加热熔化,在液态金属的周围充满了大量的气体,有时表面还覆盖着熔渣。这些气体和熔渣在焊接的高温条件下与液态金属不断地进行着一系列复杂的物理作用和化学反应。这种焊接区内各种物质之间在高温条件下相互作用的过程,称为焊接冶金过程。该过程对焊缝金属的成分、力学性能,以及焊接质量和焊接工艺性能都有很大的影响。

1. 气体及其对金属的作用

在焊接过程中,熔池周围充满各种气体。这些气体都不断地与熔池金属发生作用,有些还将进入到焊缝金属中去,其主要成分为 CO,CO_2,H_2,O_2,N_2,H_2O,以及少量的金属与熔渣的蒸气,气体中以 O_2,N_2,H_2 对焊缝质量影响最大。

（1）氧

焊接时,氧主要来源于空气,药皮、焊剂中及母材表面的氧化物和水分等。

在焊接过程中,氧气分子或氧化物在电弧高温作用下易分解为氧原子。氧原子非常活泼,易使焊接熔池中的铁和其他元素氧化。熔池金属被氧化后,形成 FeO,SiO_2,MnO 等固态氧化物和 CO 等气态氧化物,造成焊缝中 Si,Mn,C 等合金元素大量烧损。当熔池迅速冷却后,一部分固态氧化物容易残留在焊缝金属中,形成夹渣,使焊缝强度、硬度、塑性、韧性等力学性能明显下降。而 CO 则容易在焊缝中形成气孔。

生产中减少焊缝中含氧量的有效措施是采取机械保护以及对熔滴、熔池金属进行脱氧处理。

（2）氢

焊接时,氢主要来自焊条药皮、焊剂和空气中的水分,药皮、焊剂中的有机物,母材及焊丝表面上的铁锈和油污等。

氢通常情况下不与金属化合,但它能溶于 Fe,Ni,Cu,Cr 等金属中。有实验表明,氢是以原子状态溶解在金属中的。在焊接条件下,焊缝中氢的溶解量超过正常条件下的100倍以上。在这种情况下,由于过饱和氢所造成的局部压力过大的作用,在焊缝附近便产生了微裂缝,即"氢脆"现象。若碳钢或低合金钢中含氢量较高,常常在其拉伸或弯曲断面上会出现银白色圆形局部脆断点,称为"白点"。焊缝产生白点,其塑性会降低很多。

而焊缝在冷却过程中,氢的溶解度急剧下降,同时发生 $2[H] = H_2$ 的化学反应。而分子状态的氢是不溶于金属的,如果来不及逸出就会形成气孔。这种气孔的存在,对焊缝的性能影响很大,它会降低焊缝的机械性能和力学性能。

减少焊缝金属中含氢量的主要措施是烘干焊条和焊剂,清理焊件、焊丝表面上的杂质,利用熔滴和熔池中的冶金反应去氢,以及焊后对焊件进行脱氢处理。

(3)氮

焊接时,氮主要来自焊接区周围的空气。

氮是促使焊缝产生气孔的主要原因之一。液态金属在高温时可以溶解大量的氮,而在其凝固时氮的溶解度突然下降。这时过饱的氮以气泡的形式从熔池中向外逸出,当焊缝金属的凝固速度大于它的逸出速度时,就形成气孔。因保护不良而产生的气孔,如手弧焊的引弧端和弧坑处的气孔,一般都与氮有关。

氮可与金属元素(Fe、Ti、Mn 和 Cr 等)发生化学反应,生成氮化物。金属氮化物一般脆性较大,如氮化铁(Fe_4N)弥散分布于焊缝金属中,成为焊接裂纹萌生的位置,大幅降低了焊缝金属的塑性和韧性。

氮不同于氧,一旦进入液态金属,脱氮就比较困难,所以控制焊缝含氮量的主要措施是加强对焊接区域的保护,杜绝空气的侵入。目前应用的各种焊接方法,都对焊接区域进行了有效的保护,所以氮进入焊缝的问题已经基本得到解决。

2. 熔渣及其对金属的作用

熔渣在焊接过程中的作用有保护熔池、改善工艺性能和冶金处理三个方面。根据焊接熔渣的成分和性质可将其分为三大类,即盐型熔渣、盐－氧化物型熔渣和氧化物型熔渣。熔渣的性质与碱度、黏度、表面张力、熔点和导电性都有密切的关系。

3. 杂质元素及其对金属的作用

钢中的杂质元素主要为硫和磷,焊缝中硫和磷的质量分数超过 0.04% 时,极容易产生裂纹。S,P 主要来自焊件金属,也可能来自焊接材料,一般选择 S,P 含量低的原材料,并通过药皮(或焊剂)进行脱硫脱磷,以保证焊缝质量。

3.1.3　焊接接头的金属组织与性能

焊接接头是金属熔化焊的焊接部位的总称。焊接接头包括焊缝区、熔合区、热影响区三个主要部分(图 3 - 3)。由于在施焊过程中各个部分的受热及状态变化的不同,引起各区域组织和性能均有明显差异。

现以低碳钢为例,来说明焊缝和焊缝附近区域由于受到电弧不同加热而产生的金属组织与性能的变化。如图 3 - 3,左侧下部是焊件的横截面,上部是相应各点在焊接过程中被加热的最高温度曲线(并非某一瞬时该截面的实际温度分布曲线)。图中 1,2,3,4 等各段金属组织性能的变化,可从右侧所示的部分铁—碳合金状态图来对照分析。工件截面图上已示出了相应各点的金属组织变化情况。

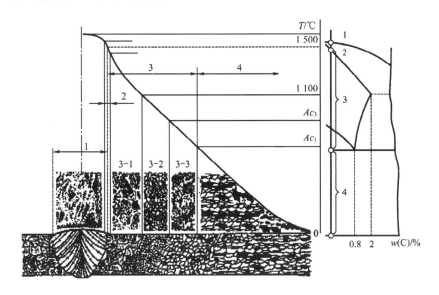

图3-3 低碳钢焊接热影响区组织变化示意图

1—焊缝区;2—熔合区;3—热影响区;3-1—过热区;3-2—正火区;3-3—部分相变区;4—母材

1. 焊缝区

图3-3中所示的区域1表示焊缝区,焊缝金属的结晶过程,首先从熔池和母材的交界处开始,然后以联生结晶的方式,即依附于母材晶粒表面向熔池中心生长,由于结晶时各个方向冷却速度不同,因而形成铸态组织,由铁素体和少量珠光体所组成。结晶是从熔池底壁的半熔化区开始逐渐进行的,低熔点的硫磷杂质和氧化铁等易偏析集中在焊缝中心区,引起焊缝金属力性能下降。焊接时可以适当地采用摆动和渗合金等方式加以改善。

2. 熔合区

熔合区是焊缝和基本金属的交界区(图3-3中区域2),也是焊缝金属向热影响区过渡的区域。在低碳钢焊接接头中,熔合区很窄(0.1~1 mm),因两侧分别为经过完全熔化的焊缝区和完全不熔化的热影响区,所以也称为半熔化区。熔合区具有明显的化学不均匀性,从而引起组织不均匀,焊接过程中母材部分熔化,熔化的金属凝固成铸态组织,未熔化金属因加热温度过高而成为过热粗晶。因而,其塑性差、强度低、脆性大,易产生焊接裂纹和脆性断裂。熔合区在很大程度上决定着焊接接头的性能,是焊接接头最薄弱的环节之一。

3. 焊接热影响区

焊接热影响区(图3-3中区域3)是指在焊接过程中,母材因受热影响(但未熔化)而发生组织和力学性能变化的区域,焊接热影响区的组织和性能,基本上反映了焊接接头的性能和质量。焊接热影响区包括过热区、正火区和部分相变区,分别如图3-3中区域3-1,3-2和3-3。

(1)过热区

在热影响区中,具有过热组织或晶粒显著粗大的区域,叫过热区。该区紧贴着熔合区。温度在固相以下至1 100 ℃,高温下奥氏体晶粒急剧长大,冷却后得到粗大的过热组织,因而过热区的塑性及韧性降低。对于易淬火硬化钢材,此区脆性更大。

（2）正火区

被加热到 Ac_2（850 ℃）以上稍高的温度（$Ac_3 \sim 1\,100$ ℃）区间，金属将发生重结晶，然后在空气中冷却得到均匀而细小的铁素体和珠光体组织，相当于热处理的正火组织，所以此区又叫正火区，或叫细晶区。该区域金属，强度和塑性都相应提高，甚至高于母材料金属，力学性能良好。

（3）部分相变区

该区被加热的最高温度范围为 $Ac_1 \sim Ac_3$（727 ~ 850 ℃），只有部分组织发生转变，得到细小的铁素体和珠光体；而另一部分组织因温度太低来不及转变，故仍保留在原来的组织状态，即粗大的铁素体。由于冷却后晶粒大小不一，金属组织不均，所以该区的力学性能较差。

在焊接热影响区中，熔合区和过热区的性能最差，产生裂缝和局部破坏的倾向性也最大，应使之尽可能减小。

影响热影响区的大小和组织性能变化程度的因素取决于焊接方法、焊接规范和接头形式等。接头的破坏常常是从热影响区开始的。减轻热影响区不良影响的措施：焊前可预热工件，以减缓焊件上的温差及冷却速度。对于淬硬性高的钢材，焊接热影响区的硬化和脆化比低碳钢严重很多，并且碳的质量分数、合金元素的质量分数越大越严重。最高预热温度可达 $Ac_1 \sim Ac_3$ 的范围。

3.1.4　焊接应力与变形

在焊接过程中及焊接结束后，焊件内部均存在不同程度的内应力，称为焊接应力。由于焊接而引起焊件尺寸和形状的变化称为焊接变形。焊接应力与变形是一对彼此紧密联系的力学概念，二者是彼此伴生的。

1. 焊接应力和变形产生的原因

焊接应力的影响因素有很多，其中焊件在焊接过程中受到的局部不均匀加热和冷却是产生焊接应力和变形的根本原因。图 3 - 4 为低碳钢平板对焊时应力分布与变形的示意图。

图 3 - 4（a）中虚线既表示焊接加热时接头横截面的温度分布，也表示金属能自由膨胀时的伸长量分布。焊缝及其相邻金属处于加热阶段时都会膨胀，但受到焊件未加热金属的阻碍，不能自由伸长，只能在整个宽度上伸长 ΔL，因此中间焊缝区部分因膨胀受阻产生压应力（用符号" - "表示），两侧则相应受到拉应力（用符号" + "表示）作用。当中间焊缝区部分的压应力超过屈服强度时，则产生压缩变形，其变形为图 3 - 4（a）中被虚线包围的无阴影部分。

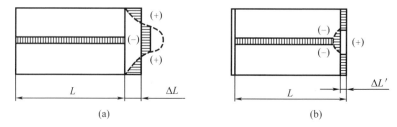

图 3 - 4　平板对焊的应力分布与变形

（a）焊接过程中；（b）冷却后

焊接后,在冷却到室温过程中,由于中间焊缝区部分已经产生压缩变形属于塑性变形,不能再恢复,冷却到室温将缩短至图3-4(b)中的虚线位置,两侧则缩短到焊前的原长 L。这种自由收缩同样是无法实现的,平板部分收缩会互相牵制,焊缝区侧将阻碍中心部分的收缩,因此焊缝区中心部分产生拉应力,两侧母材则形成压应力。中间焊缝区在平板的整个宽度上缩短 $\Delta L'$,即产生了焊接变形。

焊接应力的存在,对构件质量、使用性能和焊后机械加工精度都有很大影响,甚至导致整个构件断裂;焊接变形不仅给装配工作带来很大困难,还会影响构件的工作性能。变形量超过允许数值时必须进行矫正,矫正无效时只能报废。因此,在设计和制造焊接结构时,应尽量减小焊接应力和变形,而掌握应力与变形的规律并采取相应对策将大大减少其危害。

2. 焊接变形的基本形式

常见的焊接变形有收缩变形、角变形、弯曲变形、扭曲变形和波浪变形等五种基本形式(图3-5)。

(1)收缩变形

收缩变形是工件整体尺寸的减小,是由于焊缝金属沿纵向和横向的焊后收缩而引起的。收缩变形是难以修复的,因此,构件下料时必须要加余量。

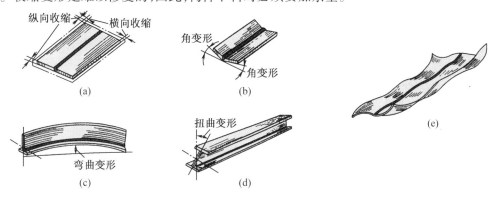

图3-5　焊接变形的基本形式

(a)收缩变形;(b)角变形;(c)弯曲变形;(d)扭曲变形;(e)波浪变形

(2)角变形

角变形发生的根本原因是横向收缩变形在厚度方向上的不均匀分布。焊缝正面的变形大,背面的变形小,这样就造成了构件平面的偏转。在对接、搭接和T形接头的焊接时,往往会产生角变形。角变形可以采用反变形来预防,为了取得预期效果必须对角变形作出估计。

(3)弯曲变形

由于构件的横截面不对称,焊缝布置不在构件的中性轴上,焊后构件常发生弯曲变形,这种弯曲变形可由焊缝的纵向收缩引起,也可以由焊缝的横向收缩引起。

(4)扭曲变形

产生扭曲变形的原因有很多,主要是母材质量不好、焊接时工件搁置不当及焊接顺序和焊方向不合理等,致使焊缝纵向收缩和横向收缩没有一定规律而引起变形。

(5)波浪变形

波浪变形在薄板焊接中容易发生。产生的原因是焊缝的纵向收缩和横向收缩在拘束度较小的结构部位造成较大的压应力而引起的变形;或由几条相互平行的角焊缝横向收缩产生的角变形而引起的组合变形;或由上述两种原因共同产生的变形。对于厚度较大的板材则不易产生波浪变形。

以上几种类型的变形,在焊接结构生产中往往不是单独出现的,而是同时出现,互相影响。

3. 减少和控制焊接应力与变形的措施

减小和控制焊接应力和变形可以通过合理的结构设计和一些具体的工艺措施着手。焊接变形是焊接结构生产中经常出现的问题,对于比较复杂的变形,矫正的工作量往往比焊接工作量还要大。当材料塑性较好、结构刚度较小时,焊件的变形量较大,焊接应力较小,此时应主要采取预防和矫正变形的措施;当材料塑性较差,结构刚度较大时,焊件的变形较小,而焊接应力较大,此时应采取减小或消除焊接应力的措施,以避免裂纹的产生。生产中常采取下列措施。

(1)焊前预防措施

焊前预防措施又可以称为设计措施,即在焊接设计的时候就要考虑到的防止和减少焊接变形及应力的措施。主要包括以下几个方面:

①合理选择焊缝的尺寸和形式

焊缝尺寸直接关系到焊接工作量和焊接变形的大小。焊缝尺寸大,不但焊接量大,而且焊接变形也大。因此,在保证结构的承载能力的前提下,设计时应该尽量采用较小的焊缝尺寸。

②尽可能减少不必要的焊缝

焊缝越多,所产生的应力集中越大。因而,合理地选择筋板的形状,适当地安排筋板的位置,可以减少焊缝;也可采用压型来提高平板的刚性和稳定性。

③合理安排焊缝的位置

设计时,安排焊缝尽可能对称于截面中性轴,或者使焊缝接近于中轴,这样可以减少焊缝所引起的挠曲。

(2)焊中控制措施

焊中控制措施又可称为工艺措施,是指在焊接过程中同步采取的防止和减少焊接应力及变形的措施,主要有以下六个方面:

①焊前预热和焊后缓冷或热处理

对焊件进行焊前预热和焊后缓冷或热处理是减少结构焊接应力最有效的措施。焊前将焊件加热至 400 ℃以下的适当温度,然后进行焊接。目的是减少焊接区与周围金属的温度差,从而减少焊接应力,在一定程度上使焊接变形最小。焊后缓冷也能起到同样的作用,但这种方法只适用于塑性差、易产生裂纹的材料,如高、中碳钢,铸铁和合金钢等。焊后去应力退火是对焊件整体或局部加热,再保温一段时间,然后缓慢冷却。一般焊件经去应力退火后可消除80%左右的焊接应力,从而控制焊后发生焊接变形。

②选择合理的装配及施焊顺序

同一焊接结构,采取不同的装焊顺序,所引起的焊接变形量往往不同,应选择引起焊接变形最小的装焊顺序。把结构适当的分成部件,分别加以装配焊接,再将这些焊好的部件拼焊成一个整体,使不对称或收缩力较大的焊缝变形得到控制。按照这个原则生产比较复杂的焊接结构时,不但有利于控制焊接变形,而且还能扩大作业面,缩短生产周期,提高生产率。

③选择合理的焊接顺序

当焊接结构上有多条焊缝时,不同的焊接顺序将会引起不同的焊接变形量。合理的焊接顺序是指:当焊缝对称布置时,应采用对称焊接;当焊缝不对称布置时,应先焊焊缝小的一侧。图3-6和图3-7为焊接顺序的布置比较(图中数字表示焊接顺序)。

④反变形法

反变形法是减小焊接变形的普遍应用方法。反变形法是在构件未焊前,先将构件预制成人为的变形,使其变形方向与焊接引起的方向相反,则焊后的变形与预制变形可互相抵消,达到构件变形减小或消除焊接变形的目的,如图3-8所示。

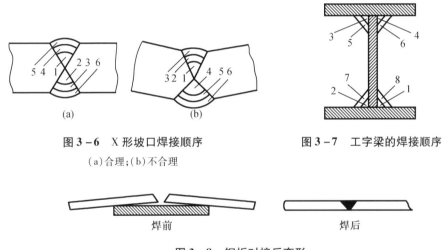

图3-6 X形坡口焊接顺序　　　　图3-7 工字梁的焊接顺序
(a)合理;(b)不合理

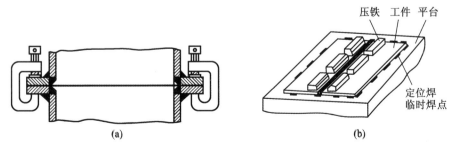

图3-8 钢板对接反变形

⑤刚性固定法

这种方法是将待焊接的构件设法固定,限制焊接变形,如图3-9所示。该方法用于防止角变形和波浪变形效果较好,但对于挠曲变形,其效果远不及反变形法。

图3-9 刚性固定法
(a)刚性固定法;(b)用定位焊点固定

⑥锤击或碾压焊缝法

每焊完一道焊缝后,当焊缝处于高温时,立即用小锤对焊缝进行均匀适度的锤击,能够使焊缝金属在高温塑性好的时段得以延伸,从而减少应力和变形。焊后碾压焊缝的作用效果与锤击类似,同样可以达到减小应力和变形的目的。

(3)焊后调节措施

焊后调节措施又称为矫正措施,即焊接完成之后,采用适当的方法降低焊接残余应力与变形:

①机械矫正法

机械矫正法是利用外力(压力机、辗压机 - 矫直机或手工)作用来强迫焊件的变形区产生方向相反的塑性变形,以抵消原来产生的塑性变形的方法,如图 3 - 10 所示。此方法会使金属产生加工硬化效应,造成接头的塑性和韧性下降。机械矫正法适合于刚性好的结构以及塑性好的材料。

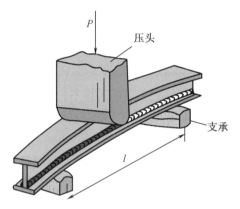

图 3 - 10   机械矫正法示意图

②火焰加热矫正法

火焰加热矫正法是利用氧 - 乙炔火焰对焊件上已产生伸长变形的部位进行加热,利用冷却时产生的收缩变形来矫正焊件原有伸长变形。加热区一般呈点状、三角状或条状,如图 3 - 11 所示,加热时应防止热量过分集中。机械矫正法和火焰加热矫正法都适合于塑性较好的焊件。

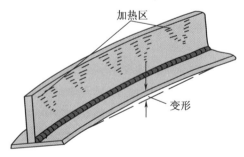

图 3 - 11   火焰加热矫正法示意图

3.2　常用焊接方法

随着现代工业生产的需要和科学技术的蓬勃发展,焊接技术不断进步。仅以新型焊接方法而言,到目前为止,已达数十种之多。按焊接过程的特点,常用焊接方法可分为三大类:

1. 熔焊

熔焊是利用一定的热源,使构件的被连接部位局部熔化成液体,然后再冷却凝固成一体的方法;

2. 压焊

压焊是利用摩擦、扩散和加压等物理作用,克服两个连接表面的不平度,除去氧化膜及其他污染物,使两个连接表面上的原子相互接近到晶格距离,从而在固态条件下实现连接的方法;

3. 钎焊

钎焊是采用熔点比母材低的材料作为钎料,将焊件和钎料加热至高于钎料熔点但低于母材熔点的温度,利用毛细作用使液态钎料充满接头间隙,熔化钎料润湿母材表面,冷却凝固后形成冶金结合的方法。常用的焊接方法如图 3 – 12 所示。

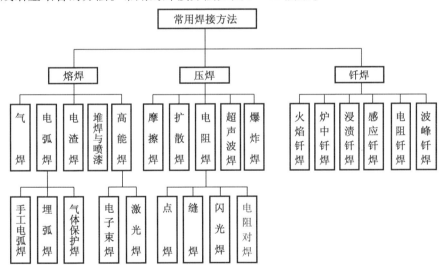

图 3 – 12　焊接方法分类示意图

3.2.1　熔焊

熔焊(熔化焊)是将待焊处的母材金属熔化以形成焊缝的永久性连接方法。熔焊是最基本的焊接方法,根据所使用的热源的不同可以分为气焊、电弧焊及高能束焊等。下面就常见的几种熔焊方法分别做以介绍。

1. 电弧焊

电弧焊是指用电弧供给热量,使工件熔合在一起,达到原子间结合的焊接方法。电弧焊是目前应用最广泛的焊接方法,包括手弧焊、埋弧焊、钨极气体保护电弧焊、等离子弧焊、熔化极气体保护焊等。绝大部分电弧焊是以电极与工件之间燃烧的电弧作热源。在形成接头时,可以采用也可以不采用填充金属。

(1)手工电弧焊

手工电弧焊(简称手弧焊)也称为焊条电弧焊(Shielded Metal Arc Welding,SMAW),是利用焊条与工件间产生的电弧来熔化金属并进行焊接的一种手工操作电弧焊接方法,如图3-13所示。焊钳通过焊接电缆连接到焊接电源(弧焊机)的输出端。焊条的金属芯一方面为电弧导电,另一方面为焊缝提供填充金属。为了有利于导电,焊条上部1.5cm长的区域是裸露的,焊钳就夹在这里。焊钳本质上就是一个外带绝缘壳的金属夹子,绝缘外壳是为焊工安全而设。电弧产生的热量熔化焊芯和外面的药皮,形成熔滴。金属熔滴过渡到熔池中,凝固成焊缝金属。另一方面,熔化了的药皮,因其密度较小,浮于焊缝金属表面凝固后形成焊渣壳。

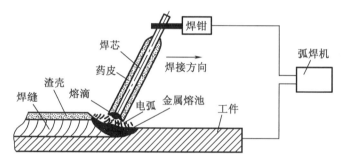

图3-13 手工电弧焊工艺原理

与其他弧焊方法相比,手工电弧焊的设备相对简单、轻便、成本低廉,经常用于维护、修理和野外施工。然而,手工电弧焊的气体保护效果有限,不能焊接铝、钛等活泼金属。另外,为防止药皮过热脱落,手工电弧焊不能使用大电流,这样使得熔敷速率较低。焊条具有有限的长度(约35 cm),长时间焊接时需要不断地更换焊条,这更进一步降低了该方法的生产效率。

(2)埋弧焊

埋弧焊(Submerged Arc Welding,SAW)也是利用建立在熔化的焊丝电极与金属工件之间的电弧来加热并熔化金属,进而形成焊缝的一种焊接方法。不同的是,埋弧焊的电弧是在熔渣和颗粒状焊剂组成的保护层下面燃烧,如图3-14所示。在焊丝前面,焊剂从漏斗中不断流出撒在焊件待焊表面上。该方法不需要保护气体,由熔渣和焊剂组成的保护层将熔化金属与空气隔离开来。经常使用的极性是直流电极接正,但是在高于900 A的超大电流焊接时,为减少磁偏吹(电弧受磁力作用而产生偏移的想象)的影响多使用交流焊接。

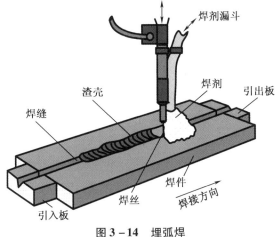

图 3-14 埋弧焊

在埋弧焊中,熔渣的保护和净化作用有助于加工出无缺陷的焊缝金属。电弧埋在熔渣层的下面,即使在大电流条件下,飞溅和热损失都大大减少,生产效率显著提高。添加在焊剂中的合金元素可调节焊缝金属的成分,金属粉末可增加熔敷速率。如果采用并排双丝或多丝埋弧焊工艺可进一步增加熔敷速率。埋弧焊可焊接的板厚比一般气体保护焊大得多。然而,相对较大体积的熔渣和熔池的存在使得埋弧焊只能用于水平位置焊接或管件的环缝焊接。并且大的热输入量可能降低焊缝的质量,增加工件的变形程度。

(3)气体保护焊

①钨极气体保护焊

钨极气体保护焊(Gas Tungsten Arc Welding,GTAW)是利用在非熔化的钨极与金属之间产生的电弧来加热并熔化金属,进而形成焊缝的一种焊接方法,整个过程如图 3-15 所示。

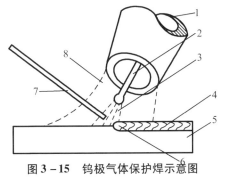

图 3-15 钨极气体保护焊示意图

1—喷嘴;2—钨极;3—电弧;4—焊缝;5—工件;6—熔池;7—填充焊丝;8—惰性气体

装有钨极的焊枪除了连接到焊接电源的一个输出端,还要连接到保护气路中。钨极通常被一个称为钨极夹的水冷铜管紧密接触,再由钨极夹连接到焊接导线上。这种结构保证了钨极导电良好,又使钨极得到及时冷却,防止钨极过热。工件作为另一个电极,通过导线连接到焊接电源的另一个输出端。保护气体经过枪体,从喷嘴流出,覆盖在熔池上方,保护电极和熔化金属不收空气的影响。通常采用的保护气体为氩、氦等惰性气体,因此,钨极气体保护焊也被称为钨极惰性气体焊接(Tungsten Inert Gas Welding,TIG)。

由于有限的热输入,钨极气体保护焊更适合于焊接薄板。填丝速度和焊接电流可以分别控制,因此在一定范围内,可控制母材与焊丝熔化的比例,进而在不改变焊缝大小的情况下,可以控制焊缝金属的稀释率和热输入。由于惰性气体的有效保护,钨极气体保护焊可用于焊接钛、锆、铝和镁等活泼金属。

然而,过大的焊接电流会引起钨极的熔化,导致在焊缝金属中产生脆化缺陷,因此,钨极气体保护焊的熔敷效率较低。在焊接过程中,可使电流通过焊丝,从而加热焊丝,可在一定程度上提高熔敷效率。

②等离子弧焊接与切割

等离子弧焊(Plasma Arc Welding,PAW)是利用钨极与金属工件之间产生的压缩电弧来加热并熔化金属,进而形成焊缝的一种焊接方法,整个过程如图3-18所示。等离子弧焊与钨极气体保护焊很相似,不同的是等离子弧焊除了需要保护气外,还有一个等离子气。如图3-18所示,由于等离子气喷嘴孔径的压缩作用,等离子弧是收缩的,即使弧长增加,电弧也仅仅产生轻微的扩展。钨极气体保护焊中钨极是从保护气喷嘴中伸出来的,而等离子弧焊的钨极是缩到等离子气喷嘴里的。因此就不能像钨极气体保护焊那样直接通过钨极接触工件来完成引弧。等离子弧焊电源的控制器先利用高频引弧,在钨极尖端和水冷等离子气喷嘴之间建立一个小电弧,然后,这个小电弧再逐渐地从钨极尖端与等离子气喷嘴之间转移到钨极尖端与工件之间,形成等离子焊接电弧。

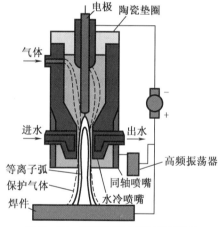

图3-18 等离子弧焊原理示意图

与钨极气体保护焊相比,等离子弧焊优势明显。手工焊接时,压缩的等离子弧对弧长变化不敏感,因而降低了对焊工操作技能的要求。钨极气体保护焊的弧长短,焊工操作时易导致钨极尖端与熔池意外接触,造成钨污染,而等离子弧焊不存在这个问题。另外,等离子弧焊的焊接速度比钨极气体保护焊高。但是,等离子焊枪结构复杂,对钨极尖端的形状和位置、等离子气喷嘴尺寸、等离子气和保护气的流量的要求较高,而且还需要额外的控制器,使得等离子弧焊设备较为昂贵,间接提高了焊接成本。

③熔化极气体保护焊

熔化极气体保护焊(Gas Metal Arc Welding,GMAW)是利用在作为电极的连续送进的焊丝与金属工件之间建立的电弧加热并熔化金属,进而形成焊缝的一种焊接方法,其原理如

图 3－16 所示。通常使用氩、氦等惰性气体保护电弧和熔化的金属,熔化极气体保护焊也常被称为熔化极惰性气体保护焊(Metal Inert Gas Welding,MIG)。后来非惰性气体,特别是 CO_2 也经常被使用,因此称为熔化极气体保护焊更为恰当一些。

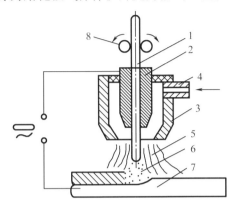

图 3－16 熔化级气体保护焊示意图

1—焊丝或电极;2—导电嘴;3—喷嘴;4—进气管;5—保护气体;6—电弧;7—工件;8—送丝辊轮

2. 电渣焊

电渣焊(Electroslag Welding,ESW)是利用电流通过液体熔渣产生的电阻热来加热并熔化金属,进而形成焊缝的方法,焊接过程如图 3－17 所示。渣池将焊丝和焊件熔化,形成的液体金属汇集在渣池下部,形成金属熔池。随着焊丝不断向渣池送进,金属熔池和其上的渣池逐渐上升,金属熔池的下部逐渐远离热源凝固形成焊缝。安装在工件前后两侧的一对水冷滑块可防止熔池和渣池的液体流走。与埋弧焊一样,电渣焊的熔渣也保护焊缝金属不受空气的侵害,并起到收集杂质的作用。电渣焊开始时,首先利用电弧热来加热并熔化焊剂,形成初始的液态渣池,然后电弧熄灭,并依靠电流通过渣池产生的电阻热来维持焊接的持续进行。焊接较厚工件时,常通过摆动焊丝以使加热均匀。

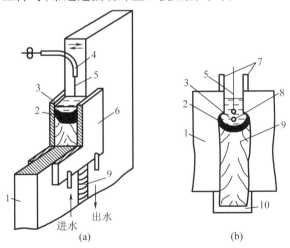

图 3－17 电渣焊焊接原理示意图

1—焊件;2—熔池;3—渣池;4—导电嘴;5—焊丝;6—冷却滑块 7—引出板;8—熔滴;9—焊缝;10—引弧板

电渣焊的熔敷效率非常高,不论多厚的工件都一道焊成。与其他焊接方法相比,电渣焊因为熔池是轴对称的,因而不存在任何角变形。

然而,电渣焊的热输入量过高,焊缝与热影响区在高温停留时间较长,易产生晶粒粗大的过热组织,导致焊接接头的韧性较低,质量较差。另外电渣焊的金属熔池和熔渣池较其他焊接方法大,使得其只能用于垂直方向的焊接(立焊)。

3. 高能焊

高能焊是利用高能量密度的束流,如电子束、激光束等作为焊接热源的熔焊方法的总称。

(1)电子束焊

电子束焊(Electron Beam Welding,EBW)是以聚焦电子束高速轰击工件表面时产生的热能熔化金属,进行焊接的方法。常用的电子束焊有高真空电子束焊、低真空电子束焊和非真空电子束焊。图3-18所示为真空电子束焊示意图。在真空中,发射材料灯丝(阴极)被通电加热后,在真空中被高压静电场加速,随即发射出大量的电子,阳极和阴极(灯丝)间较高的电压使电子以高速穿过阳极孔射出,并通过聚焦线圈使电子束形成能量密度很高的电子束流,电子束流聚成$\phi 0.8 \sim 3.2$ mm 的一点,以极大的速度撞击到被焊工件表面。电子的动能大部分转化为热能使焊件被轰击部位的温度迅速升高、产生熔化,并随着焊件的不断移动而形成连续致密的焊缝。真空电子束焊是目前应用最广泛的一种电子束焊。

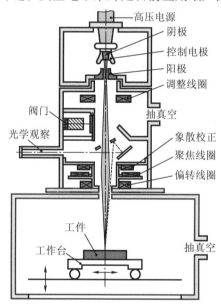

图3-18　真空电子束焊焊接示意图

真空电子束焊的特点和应用:

①焊接质量好。真空对焊缝具有良好的保护作用,焊缝金属不会被氧化、氮化,不存在焊缝金属污染问题,从而保证了焊缝金属的高纯度。

②焊接变形小。电子束焊热源能量密度高、焊速快,因而焊件的热影响区小,焊接变形极小。可焊接一些已加工好的组合零件。

③热源能量密度大,熔深大,穿透能力强。电子束能量密度可达$10^6 \sim 10^8$ W/cm^2,比普

通电弧能量密度高出 100 ~ 1 000 倍。因此,可焊接难熔金属、厚截面工件,对于铝合金厚度可超过 300 mm。

④工艺适应性强。电子束焊接参数易于精确调节,且调节范围很宽,可焊 0.1 ~ 300 mm 厚度的板料。不仅能焊接金属和异种金属,也可焊非金属材料,如陶瓷、石英玻璃等;还能焊难熔金属、活泼金属以及复合材料金属;可焊一般焊接方法难以焊接的复杂形状的焊件。

电子束焊的主要不足是设备复杂,造价高,焊前对焊件的清理和装配质量要求很高;焊件尺寸受真空室限制,操作人员需要防 X 射线的影响。另外,由于电子束焊是在压强低于 10 Pa 的真空进行,因此,易蒸发的金属及其合金和含量较多的材料,会妨碍焊接过程的进行,一般含锌较高的铝合金(如铝 – 锌 – 镁)和铜合金(如黄铜)以及未脱氧处理的低碳钢,不能用真空电子束焊接。

(2)激光焊接与切割

激光是利用原子受激辐射的原理,使物质受激后产生波长均一、方向一致和强度非常高的光束。激光具有单色性好、方向性强和强度高的特点,聚集后的激光束能量密度极高,可达 10^{13} W/cm^2,在千分之几秒甚至更短时间内,光能转变成热能,其温度可达 10 000 ℃以上,极易熔化和汽化各种对激光有一定吸收能力的金属或非金属材料,可以用来加工、焊接和切割。

激光焊(Laser Beam Welding,LBW)是利用聚集的激光束作为能源轰击焊件所产生的热量而进行焊接的一种方法。图 3 – 19 所示为激光焊接示意图,由激光器受激产生方向性极强的激光束,通过聚焦系统聚集成微小的焦点,产生高能量密度和瞬间高温。当把激光束调焦到焊件的接缝处时,光能被焊件材料吸引后转换成热能,在焦点附近产生高温,从而使被焊金属局部瞬间熔化,随着激光与焊件之间的相对移动,冷凝后形成焊接接头。

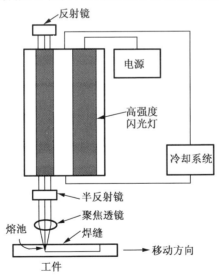

图 3 – 19　激光焊接

激光切割的原理是利用聚焦后的激光束使工件材料瞬间汽化而形成割缝。大功率 CO_2 气体激光发生器所输出的连续激光可以切割钢板、钛板、石英、陶瓷和塑料等。切割金属材料时,采用同轴吹氧工艺,可大大提高切割速度,且挂渣很脆,容易削除。

激光焊接具有如下特点:

①能量密度大,加热范围小。焊缝和热影响区窄,残余应力和焊接变形小,因而焊接接头性能优良,可实现高精度焊接。

②焊接速度快,生产率高。适合于高速加工。

③灵活性大。由于激光装置不需要和被焊件接触,可用偏转棱镜或通过光导纤维引导到难接近的部位进行焊接。激光还可以穿过透明材料进行焊接,如真空管中电极的焊接。

④具有高度柔性,易于实现自动化。

⑤激光辐射能量的释放迅速,被焊材料不易氧化,可在大气中焊接,不需要真空环境或气体保护。

激光焊接也存在一定的局限性:要求焊件装配精度高,且要求光束在工件上的位置不能有显著偏移。这是因为激光聚焦后光斑尺寸小,焊缝窄,未加填充金属材料。如工件装配精度或光束定位精度达不到要求,很容易造成焊接缺陷;激光器及其相关系统的成本较高,一次性投资较大。

目前,激光焊接已经广泛用于电子工业和仪表电器工业中,特别适用于焊接微观、精密的焊件。而将激光用于焊接机器人是激光焊的一种重要形式,它大大提高了焊接机器人的焊接质量和适用范围,在船板、汽车生产线中激光焊接机器人具有越来越重要的地位。激光焊接因对焊接接头装配精度和间隙要求高,而常规的熔化电弧焊,对间隙要求不敏感,并能填充金属,因此,近年来激光焊接的发展趋势之一就是采用激光 + 电弧的复合焊接方法,将激光和电弧两种热源的优点集中起来,弥补单热源焊接工艺的不足;同时,研制大功率先进的激光器,将是发展激光焊接、切割及加工的重要方向。

(3)激光 – 电弧复合加工焊接技术

近年来激光电弧复合热源焊接得到越来越多的研究和应用,从而使激光在焊接中的应用得到了迅速的发展。图3 – 20为激光电弧复合热源焊接原理图。激光电弧复合热源焊接是在激光束附近外加电弧,利用电弧的热作用范围较大,电弧对被焊母材料进行预热,使母材料温度升高,提高了材料对激光的吸引率,缓和激光焊接对接口的要求。同时,由于激光束具有对电弧的聚焦、引导作用,使焊接熔深大大增加,可以提高电弧的焊接速度和焊接质量。另外,电弧热作用范围大,热影响区加大,使温度梯度减小,冷却速度降低,从而减少甚至消除了气孔和裂纹。

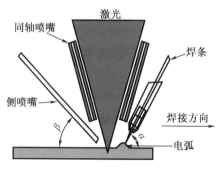

图3 – 20　激光电弧复合热源焊接

近年来激光电弧复合热源焊接得到越来越多的研究和应用,从而使激光在焊接中的应用得到了迅速的发展。主要的方法有电弧加强激光焊的方法、低能激光辅助电弧焊接方法和电弧激光顺序焊接方法等。

3.3.2　压焊

压焊的特点是加热温度比熔焊低、加热时间短,因而热影响区小。许多难以用熔焊焊接的材料,往往可以用压焊焊成与母材同等强度的优质接头。压焊的方法较多,其中最常用的有电阻焊、摩擦焊和扩散焊。

1. 电阻焊

电阻焊是将焊件组合后,利用电流通过接头的接触面及邻近区域产生的电阻热,使焊接区金属加热至局部熔化或高温塑性变形状态,并通过电极施加压力而形成牢固接头的压焊方法。与其他焊接方法相比,电阻焊焊接速度快、生产效率高、表面质量好、焊接变形小;焊接操作易于实现机械化和自动化,适于大批量生产,而且焊缝不需要填充金属。但电阻焊设备较复杂、耗电量大,焊件的接头形式、断面形状尺寸以及可焊厚度都有一定限制。

电阻焊按焊件接头形式与电极形状不同,分为点焊、缝焊、对焊和凸焊等。

（1）点焊

点焊(Resistance Spot Welding,RSW)是将工件装配成搭接接头,并压紧在上、下两个柱状电极之间,利用电阻热加热、熔化焊件接触面,断电后保持或加大压力,冷却凝固后形成焊点的电阻焊方法,如图 3－21 所示。

点焊的过程:先以焊件施加一定压力,使工件欲焊处紧密接触;然后在两个电极中通以电流,由于电极内部通水,电极与被焊工件之间所产生的电阻热被冷却水带走,故热量主要集中在两工件接触处,将该处金属迅速加热到熔融状态而形成熔核,熔核周围的金属被加热至塑性状态,在压力作用下发生较大塑性变形;当塑性变形量达到一定程度后,切断电源,保持压力一段时间,使熔核在压力作用下冷却凝固,形成焊点。

焊完一点后,移动工件焊第二点,这时候有一部分电流流经已焊好的焊点,这种现象称为分流。分流会使第二点处电流减小,影响焊接质量,因而两焊点间应有一定距离。被焊材料的导电性越好,焊件厚度越大,分流现象越严重,因此两点间的间距就应该越大。例如,铝、铜合金导电性比钢强,所以焊点距离要大一些。点焊的焊接接头形式要充分考虑到点焊机电极能接近焊件,应有足够的搭接边,做到施焊方便,加热可靠。

点焊主要用于薄板冲压件及钢筋的焊接,如汽车驾驶室、车厢,飞机蒙皮等。

（2）缝焊

缝焊(Resistance Seam Welding,RSEW)过程与点焊相似,如图 3－22 所示。先是将工件装配成搭接接头,并置于两滚状电极之间,滚轮加压焊件并转动,连续或断续送电,形成一条连续焊缝的一种电阻焊方法,由于缝焊机的电极是两个可以旋转的盘状电极,所以缝焊又称滚焊。和点焊不同之处是,缝焊用滚轮状电极及连续滚动代替了点焊的柱状电极。

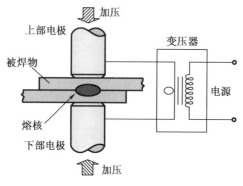

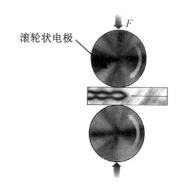

图 3 - 21　点焊焊接原理　　　　　　　图 3 - 22　缝焊焊接原理

缝焊在焊接过程中分流现象严重。因此缝焊只适于焊接 3 mm 以下的薄板焊件。

缝焊焊缝表面光滑美观,气密性好,已广泛应用于家用电器(如电冰箱壳体)、交通运输(如汽车、拖拉机油箱)及航空航天(如火箭燃料贮箱)等工业领域中要求密封的焊件的焊接。

(3)电阻对焊

把工件装在对焊机的两个电极夹具上对正、夹紧,并施加预压力,使两工件的端面挤紧,然后通电,利用电阻热并施加压力将两工件接触面整个焊合在一起的电阻焊工艺称为电阻对焊(Upset Welding,UW)。由于两工件接触处实际接触面积较小,因而电阻较大,当电流通过时,就会在此产生大量的电阻热,使接触面处金属属迅速加热到塑性状态,然后增大压力,切断电源,从而形成牢固接头,如图 3 - 23 所示。

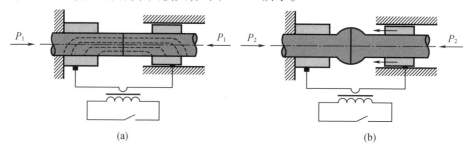

图 3 - 23　电阻对焊原理示意图
(a)加预压力、通电加热;(b)加压、断电

对焊操作简单,焊后接头较圆滑,但接头的机械性能较低。焊前必须对焊件接触表面严格清理,否则会造成加热不均匀,易夹渣,降低接头质量。电阻对焊主要用于截面尺寸小且截面形状简单的棒料或管料的焊接。

(4)闪光焊

闪光焊(Flash Welding,FW)时,将工件在电极夹头上夹紧,先接通电源,然后逐渐靠拢。由于接头端面比较粗糙,开始只有少数几个点接触,当强大的电流通过接触面积很小的几点时,就会产生大量的电阻热,使接触点处的金属迅即熔化甚至气化,熔化金属在电磁力和气体爆炸力作用下连同表面的氧化物一起向四周喷射,产生火花四溅的闪光现象。继续推进焊件,闪光现象便在新的接触点处产生,待两工件的整个接触端面部有一薄层金属熔化时,迅速加压并断电,两工件便在压力作用下冷却凝固而焊接在一起,焊接过程如图 3 - 24 所示。

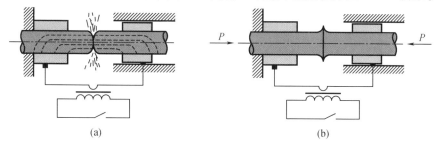

(a) (b)

图 3 - 24 闪光焊原理示意图

(a)通电、闪光加热;(b)加压、断电

闪光焊接头质量较高,且焊前对焊件端面的清理要求不严,可焊接截面形状复杂的焊件。闪光焊的主要不足是焊后有大量毛刺,金属损耗较多,焊接时火花飞溅。闪光焊广泛应用于建筑、机械制造、电气工程等领域,如焊件可以是细小金属丝,也可以是钢轨、大直径油管,还可进行不同钢种之间或异种金属(如铜与铝等)之间的焊接。

2. 摩擦焊

摩擦焊是利用焊件在外力作用下接触面之间或焊件与工具之间的相对摩擦运动和塑性流动所产生的热量,使界面及其附近区域达到热塑性状态并在压力作用下产生宏观塑性变形,并且通过接触面两侧材料间的互相扩散和动态再结晶形成接头的一种固态热压焊方法。

摩擦焊的方法很多,由传统的几种形式发展到目前的 20 多种。这里只介绍两种常见的摩擦焊方法:

(1)连续驱动摩擦焊

连续驱动摩擦焊接(Continuous Drive Friction Welding,FRW - CD)的原理如图 3 - 25 所示,将工件 I 夹持在焊机的旋转夹头上,工件 II 夹持在可沿轴向往复移动并能加压的夹头上。然后使工件 I 高速旋转,工件 II 不断向工件 I 方向缓缓移动并开始接触(图 3 - 25(a)),工件接触端面因强烈摩擦而发出大量的热并被加热到焊接所需的温度时,立即使焊件停止转动(图 3 - 25(b)),同时在工件 II 一端施加轴向压力。接头在压力作用下产生塑性变形,并在压力作用下冷却,获得致密的接头组织(图 3 - 25(c))。连续驱动摩擦焊接的过程中,覆盖在端面上的氧化物和杂质被迅速破碎并挤出焊接区,露出纯净的金属表面,以便完成焊接过程。

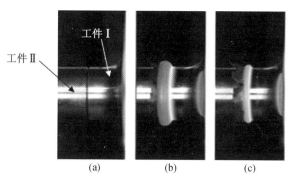

工件 II   工件 I

(a) (b) (c)

图 3 - 25 连续驱动摩擦焊焊接过程示意图

连续驱动摩擦焊的特点主要包括以下几个方面：

①焊接接头质量高且稳定。摩擦过程中,工件接触表面的氧化膜和杂质被清除,因而接头不易产生气孔、夹渣,故焊接接头组织致密、质量好。

②可焊范围广。不仅可以实现同种金属的焊接,还可实现异种金属的焊接,如高速钢与45钢焊接,铜合金与铝合金焊接等,甚至可焊接非金属以及金属－非金属（如铝－陶瓷）等。

③设备及操作技术简单,容易实现自动控制,生产率高;没有火花和弧光,劳动条件好。

连续驱动摩擦焊的接头形式一般是等截面的,也可以是不等截面的。如杆－管、管－管、管－板接头等,但要求其一件是轴对称零件。

（2）搅拌摩擦焊

搅拌摩擦焊（Friction Stir Welding,FSW）是英国焊接研究所（The Welding Institute）于1991年发明的一种新型的固相连接方法,并已获得世界范围的专利保护。自从搅拌摩擦焊发明以来,引起了世界范围的广泛关注,并被誉为世界焊接史上的第二次革命。

搅拌摩擦焊接原理如图3－26所示。焊接时,欲搭接或者对接的工件相对放置在垫板上,为了防止在施焊时工件被搅拌头推开,应加以约束。施焊工具主要是搅拌头。焊接时旋转的搅拌头缓缓进入焊缝,在与工件表面接触时通过摩擦生热使得该处金属软化,在轴身顶压力的作用下,搅拌针进入到工件内部,在高速旋转下使得搅拌头周围的一层金属塑性化。同时,在肩轴端面的包拢下搅拌头沿焊接方向移动形成焊缝。焊缝的深度由搅拌针的插入深度决定。在焊接过程中主要的产热体是搅拌针和轴肩。在焊接薄板时,轴肩和工件的摩擦是主要的热量来源。

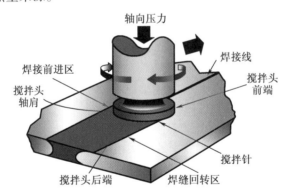

图3－26　搅拌摩擦焊接原理示意图

作为一种固相连接手段,搅拌摩擦焊除了可以焊接用普通熔焊方法难以焊接的材料外（例如,可以实现用熔焊难以保证质量的裂纹敏感性强的7000、2000系列铝合金的高质量连接）,FSW还具有以下优点:焊接中厚板时,焊前不需要开V形或U形上坡口,也不需进行复杂的焊前准备;焊后试件的变形和内应力特别小;焊接过程中无烟尘、辐射、飞溅及弧光等危害物质的产生,是一种环保工艺方法;焊接接头性能优良,焊缝中无裂纹、气孔及收缩等缺陷;可实现全方位焊接;适合于自动化和机器人的操作。搅拌摩擦焊最大的优点是:可焊接那些不推荐用熔焊焊接的高强铝合金。由于搅拌摩擦焊的这些优点;使得其焊接接头的力学性能较高,并且能一次完成较长、较大截面、多方向的焊接,操作便于实现机械化、自动化,所消耗的成本也较低。

通过人们的不断努力,搅拌摩擦焊的局限性在不断减小,但还存在一些不足的地方,如,其焊速比熔焊要慢;焊接时焊件必须夹紧,还需要垫板;焊后焊缝上留有锁眼等。

3. 扩散焊

扩散焊(Diffusion Welding,DFW)是将焊件紧密贴合,在一定温度和压力下保持一段时间,使接触面之间的原子相互扩散形成连接的焊接方法。扩散焊常用来焊接异种材料,如铸铁 – 钢、石黑 – 钢、金属 – 玻璃、金属 – 陶瓷等。

图 3 – 27 所示为利用高压气体加压和高频感应加热对管子和衬套进行的真空扩散焊。其焊接工艺是焊前对管壁内表面和衬套进行清理、装配后,管子两端用封头封固,再放入真空室内加热,同时向封闭的管子内通入一定压力的惰性气体。通过控制温度、气体压力和时间,使衬套外面与管子内壁紧密接触,并产生原子间扩散而实现焊接。

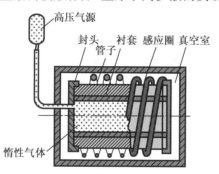

图 3 – 27　衬套真空扩散焊示意图

扩散焊的特点和应用主要包括以下几个方面:

(1)接头质量稳定。扩散焊加热温度低,焊接应力、焊接变形小,能保持材料原有的力学性能。

(2)可焊范围广。扩散焊可焊接多种同类金属及合金,同时还能焊接许多异种材料,如用其他焊接难以连接的难熔金属 W,Ta,Zr,Co 和 Mo 等,复合材料、陶瓷和金属材料。

(3)可焊结构复杂,精度求高的焊件。扩散焊可焊接特薄、特厚、特大或特小的焊件,而且能用小件拼成形状复杂、力学性能均一的大件,以代替整体锻造和机械加工。

(4)工艺过程安全无害,主要参数程序化。焊接过程自动化程度高,技术稳定,可重复性好。

(5)可自动化焊接,劳动条件很好。

扩散焊的不足之处是单件生产,生产率低,焊前对焊件表面的加工清理和装配质量要求十分严格,需用真空辅助装置。

扩散焊目前已实现560 多组异种材料的焊接。例如,局部真空措施焊成的巨型工件长达 50 m,重 75 t;用 533 个零件焊成的巨大的轰炸机部件等。在宇宙飞船构件的制造中,焊接发动机的喷管、蜂窝壁板;飞机制造中的反推力装置、蒙皮、起落架、钛合金空心叶片、轮盘、桨毂。在化工设备制造中,制成了高 3 m、直径 1.8 m 的部件;在原子能设备制造中,制成水冷反应堆燃料元件;在冶金工业中生产了复合板;在机械制造中应用更为广泛。利用钛合金超塑性的成形扩散焊已得到成功的应用。

3.3.3 钎焊

与一般焊接方法相比,钎焊的加热温度较低,焊件的应力和变形较小;对材料的组织和性能影响很小,易于保证焊件尺寸;钎焊还能实现异种金属甚至金属与非金属的连接;钎焊设备简单,易于实现自动控制。钎焊的主要缺点是接头强度尤其是动载强度低,耐热性差,且焊接前的清理和组织要求比较高。钎焊较适宜于连接精密、微型、复杂、多焊缝和异种材料的焊接,在电工、仪表、航空相机械制造业中得到广泛应用。

钎焊接头的承载能力很大程度上取决于钎料。按钎料熔点不同,钎焊可分为硬钎焊和软钎焊两种。

钎料熔点在 450 ℃以上的钎焊称为硬钎焊,主要特点为接头强度较高。常用的硬钎料有银基、铜基、铝基和镍基钎料,钎剂主要有硼砂、硼酸、氟化物、氯化物等。硬钎焊的接头强度较高,工作温度也较高,主要用于受力较大的钢铁件、工具及铝、铜合金件,如钎焊刀具、自行车架等。

钎料熔点在 450 ℃以下的钎焊称为软钎焊,主要特点为接头强度较低。常用的软钎料有锡基、铅基、镉基和锌基合金等。软钎焊剂主要有松香、氯化锌溶液等。软钎焊多采用铬铁加热。由于软钎焊的强度低,只适用于受力很小且工作温度较低的工件,如电器产品、电子导线、导电线头、低温热交换器等。

根据热源或加热方法不同,钎焊又分为火焰钎焊、电阻钎焊、浸渍钎焊、波峰钎焊、感应钎焊和炉中钎焊等。

1. 火焰钎焊

火焰钎焊(Torch Soldering,TS)是利用可燃性气体或液体燃料与氧或压缩空气燃烧所形成的火焰来加热焊件和熔化钎料的钎焊方法。可燃气体主要是乙炔、丙烷、石油气、雾化石油和煤气等,氧气和压缩空气为助燃气体。这种加热方法常用于银基和铜基钎料焊接碳钢、低合金钢、不锈钢、铜及铜合金的薄壁和小型焊件。火焰钎焊主要由手工操作,对工人的技术水平要求较高。

2. 炉中钎焊

炉中钎焊(Furnace Soldering,FS)是利用电阻炉来加热焊件的一种钎焊方法。炉中钎焊可分为空气炉中钎焊、保护气氛炉中钎焊和真空炉中钎焊三种。炉中钎焊的优点是整体加热,焊件变形小;成本低,设备简单,而且可一炉多件,生产效率比较高。钎焊所用保护气氛中有还原性气体,如氢和一氧化碳,不仅能防止空侵入,还能还原焊件表面氧化物。

3. 浸渍钎焊

浸渍钎焊(Dip Soldering,DS)是把焊件局部或整体浸入到高温的盐混合物溶液或熔融钎料溶液中以实现焊接的方法。浸渍钎焊按液体介质不同分为盐浴浸渍钎焊和熔融钎料浸渍钎焊两种方法。在盐浴浸渍钎焊中,盐液起到加热的作用又起保护的作用。盐浴浸渍钎焊的主要设备是盐浴槽,其优点是生产率高,容易实现机械化,适宜于批量生产。不足之处是这种方法不适宜于间歇操作,工件的形状必须便于盐液能完全充满和流出,所以不适宜于有深孔、盲孔和封闭型的焊件。而且盐浴钎焊成本高,污染严重,现已不太采用这种钎焊方式。熔融钎料浸渍钎焊的优点是装配比较容易(不必安放钎料),生产率高。特别适合于钎缝多而复杂的工件,如散热器等,其缺点是工件表面沾留钎料,增加了钎料的消耗量,必要时还须清除表面不应沾留的钎料。又由于钎料表面的氧化和母材的溶解,熔态钎料成分容易发生变化,需要不断精炼和进行必要的更新。

4. 感应钎焊

感应钎焊(Induction Soldering,IS)是将工件的钎焊部分置于交变磁场中,通过工件在磁场中产生的感应电流的电阻热来实现钎焊焊接。感应加热的速度快,生产率高,便于实现自动化。特别适用于管件套接、管子和法兰、轴和轴套之类接头的焊接。

5. 电阻钎焊

电阻钎焊(Resistance Soldering,RS)是依靠电阻热加热焊件和熔化钎料而进行焊接的方法。电阻钎焊广泛使用铜基和银基钎料,钎料常以片状放在接头内,也可以膏状涂于接头处。电阻钎焊的优点是加热迅速、生产率高,易于实现自动化,但接头尺寸不能太大。目前主要用于钎焊刀具、带锯、导线端、各种电触点,以及集成电路块和晶体管等元件的焊接。

6. 波峰钎焊

波峰钎焊(Wave Soldering,WS)是金属浴钎焊的一种变种,主要用于印刷电路板的钎焊。在熔化钎料的底部安放一个泵,依靠泵的作用使钎料不断地向上涌动,印刷电路板在与钎料的波峰接触的同时随传送带向前移动,从而实现元器件引线与焊盘的连接。

钎焊接头的承载能力与接头连接面大小有关,因此,钎焊多采用搭接接头。与一般焊接方法相比,钎焊的加热温度较低,焊件的应力和变形较小。对材料的组织和性能影响很小,易于保证焊件尺寸;钎焊还能实现异种金属甚至金属与非金属的连接;钎焊设备简单,易于实现自动控制。钎焊的主要缺点是接头强度尤其是动载强度低,耐热性差,且焊接前的清理和组织要求比较高。钎焊较适宜于精密、微型、复杂、多焊缝和异种材料的焊接,在电工、仪表、航空及机械制造业中得到了广泛应用。

3.3　材料的焊接性

随着焊接结构件在机械、船舶、化工以及航空航天等各领域的应用日益增多,有必要掌握金属材料的基本性能及其焊接性能,以便采取适当的工艺方法、工艺措施和工艺参数来获得优质的焊接接头。

3.3.1　材料焊接性的概念

焊接性是指在给定的制造条件下,把材料焊接成一个特定的、具有恰当设计结构的能力,以及在给定服役环境条件下,该结构圆满实现其功能的能力。所以焊接性可用来描述两种能力,一种是采用焊接方法成功制造构件的能力(即结合性能),另一种是该构件在给定服役环境下可恰当地实现其功能的能力(即使用性能)。一般来说,金属材料的焊接工艺过程简单而接头质量高、性能好时,就称其焊接性好;反之称其焊接性差。

3.3.2 焊接性的影响因素

金属材料的焊接性是一个相对的概念,对于同一种材料,采用不同的焊接方法或焊接材料以及焊接工艺,其焊接性可能有很大的差异。除上述影响因素外,焊件所处工作条件,如工作温度、负荷条件及工作环境等也对焊接性有一定的影响。

1. 材料因素

材料因素是指焊件本身(母材或基本金属)以及所使用的焊接材料(焊条、焊丝、焊剂和保护气体等)。它们在焊接时都参与熔池或半熔化区内的冶金过程,因而直接影响焊接的质量。而材料的化学成分(包括杂质的分布与含量)是材料因素中最主要的影响因素。碳对钢的焊接性影响最大。含碳量越高,焊接热影响区的淬硬倾向越大,焊接裂纹的敏感性越大。也就是说,含碳量越高焊接性越差,碳钢焊接性与含碳量的关系如表 3 – 2 所示。除碳外,钢中的一些杂质如氧、硫、磷、氢、氮以及合金钢中常用的合金元素锰、铬、钴、铜、硅、钼、钛、铌、钒、硼等也都不同程度地增加了钢的淬硬倾向使焊接性变差。若焊接材料选择不当或成分不合格,焊接时就会出现裂纹、气孔等缺陷,甚至会使接头的强度、塑性、耐蚀性等使用性能变差。因而,正确选用焊件和焊接材料是保证焊接性良好的重要基础。

表 3 – 2　碳钢焊接性与含碳量的关系

名称	碳的质量分数	典型硬度	典型用途	焊接性
低碳钢	≤0.15%	HRB60	特殊板材和型材薄板、带材、焊丝	优
	0.15% ~0.25%	HRB90	结构用型材、板材、棒材	良
中碳钢	0.25% ~0.60%	HRC25	机器部件和工具	中(需预热、后热,推荐使用低氢焊接方法)
高碳钢	≥0.60%	HRC40	弹簧、模具、钢轨	劣(需预热、后热,必须使用低氢焊接方法)

2. 结构因素

焊接接头的结构设计会影响其应力状态,从而对焊接性造成影响。例如,结构刚度过大或过小,断面突然变化,焊接接头的缺口效应,过大的焊缝体积,不必要的增大焊件的厚度以及过于密集的焊缝数量,都会不同程度地引起应力集中,造成多向应力状态而使焊接接头脆断敏感性增加。而不必要的增大焊件厚度或焊缝体积,会产生多向应力,也应防止。应使焊缝接头处于刚度较小的状态,且能够自由收缩,这样有利于防止焊接裂纹。

3. 工艺因素

工艺因素包括施焊方法(如手弧焊、埋弧焊、气体保护焊等)、焊接工艺(包括工艺参数、焊接材料、预热、焊后缓冷、焊接及装配顺序)和焊后热处理等。对于同一焊件,当采用不同的焊接工艺方法和工艺措施时,所表现的焊接性也不同。例如,钛合金对氧、氮、氢极为敏感,用气焊和手工电弧焊其焊接性很差,而用氩弧焊或真空电子束焊,由于能防止氧、氮和氢等气体的侵入,焊接质量就好。而工艺措施中的焊接预热、焊接缓冷以及去氢处理等,对防止热影响区淬硬变脆,降低焊接应力,避免氢致冷裂纹都是比较有效的措施。另外,合理安排焊接顺序能够减少焊接应力和变形。因此,工艺因素是对焊接质量性起决定性作用的因素。

4. 使用因素

使用因素包括焊接结构的工作温度、负荷条件(动载、静载、冲击、高速等)和工作环境(化工区、沿海及腐蚀介质等)。一般来讲,环境温度越低钢结构越易发生脆性破坏;而高温工作时,可能产生蠕变。承受交变载荷的焊接结构易发生疲劳破坏。在腐蚀介质下工作时,接头要求具有耐腐蚀性,

3.3.3　焊接性的评价方法

当采用某种新材料制造焊接构件时,了解及评定其焊接性是进行结构设计及合理制定焊接工艺的重要依据。常用的评定焊接性方法有很多种,按照其特点可以归纳为以下几类:

1. 直接试验法

这类焊接性评定方法是仿照实际焊接的条件,通过焊接过程观察是否产生某种焊接缺陷或发生缺陷的程度,直观地评价焊接性的优劣,有时还可以从中确定必要的焊接条件。

(1)焊接冷裂纹试验

常用的有插销试验、斜 Y 坡口对接裂纹试验、拉伸拘束裂纹试验(TRC)和刚性拘束裂纹试验(RRC)等。

(2)焊接热裂纹试验

常用的有可调拘束裂纹试验、FISCO 焊接裂纹试验、窗形拘束对接裂纹试验和刚性固定对接裂纹试验等。

(3)再热裂纹试验

包括 H 形拘束试验、缺口试验棒应力松弛试验和 U 形弯曲试验等。另外,还可采用插销试验进行再热裂纹试验。

(4)层状撕裂试验

包括 Z 向拉伸试验、Cranfield 和 Z 向窗口试验等。

(5)脆性断裂试验

常用的除低温冲击试验外,还包括有落锤试验、裂纹张开位移试验(COD)和 Wells 宽板拉伸试验等。

(6)应力腐蚀裂纹试验

包括 U 形弯曲试验、缺口试验和预制裂纹试验等。

2. 间接判断法

间接判断法一般不需要进行焊接试验,而只是根据材料的化学成分、金相组织和力学性能之间的关系,联系焊接热循环过程,从理论上进行推测或评估。属于这一类的方法主要有碳当量法和焊接裂纹敏感系数法

(1)碳当量法

碳当量法的依据是:以钢材中化学成分对焊接热影响区淬硬性的影响程度作为评估钢

材料焊接时可能产生裂纹和硬化倾向的计算方法。在钢材的化学成分中,影响最大的是碳,其次是锰、铬、钼和钒等。碳当量是把钢中的合金元素(包括碳)的含量,按其作用换算成碳的相对含量。国际焊接学会推荐的碳当量(C_E)公式为

$$C_E = \left[w(C) + \frac{w(Mn)}{6} + \frac{w(Cr) + w(Mo) + w(V)}{5} + \frac{w(Ni) + w(Cu)}{15} \right] \times 100\% \qquad (3-1)$$

其中,$w(C)$和$w(Mn)$为碳、锰等相应成分的质量分数,%。

各元素的质量分数都取其成分范围的上限。实践证明,碳当量越高,钢材的焊接性就越差。

当$C_E < 0.4\%$时,钢材的塑性良好,淬硬倾向不明显,焊接性良好。在一般的焊接技术条件下,焊接接头不会产生裂纹,但对厚大件或在低温下焊接,应考虑预热;当C_E为$0.4 \sim 0.6\%$时,钢材的塑性下降,淬硬倾向逐渐增加,焊接性较差。焊前工件需适当预热,焊后注意缓冷,才能防止裂纹;当$C_E > 0.6\%$时,钢材的塑性变差。淬硬倾向和冷裂倾向大,焊接性更差。工件必须预热到较高的温度,要采取减少焊接应力和防止开裂的技术措施,焊后还要进行适当的热处理。

碳当量公式没有考虑元素之间的交互作用,也没有考虑板厚、结构拘束度、焊接工艺、含氢量等因素的影响。因而用碳当量评价焊接性是比较粗略的,并不完全代表材料的实际焊接性,例如,16Mn钢的碳当量为$0.34\% \sim 0.44\%$,焊接性尚好,但当厚度增大时,焊接性变差。因此使用时碳当量公式时应考虑各方面因素。

(2)冷裂纹敏感系数法

如前所述,除碳当量外,焊缝含氢量和板厚等因素对焊接冷裂倾向有很大影响。有人对200多种不同成分的钢材、不同的厚度以及不同的焊缝含氢量进行试验,得出焊接冷裂纹敏感系数P_c的计算公式:

$$P_c = \left[w(C) + \frac{w(Si)}{30} + \frac{w(Cr) + w(Mn) + w(Cu)}{20} + \frac{w(Ni)}{60} + \frac{w(Mo)}{15} + \frac{w(V)}{10} + \right.$$

$$\left. 5w(B) + \frac{[H]}{60} + \frac{h}{600} \right] \times 100\% \qquad (3-2)$$

式中　　P_c——冷裂纹敏感系数;

　　　　h——板厚;

　　　　[H]——100 g焊缝金属扩散氢的含量,mL。

冷裂纹敏感系数越大,则产生冷裂纹的可能性越大,焊接性越差。

计算出P_c值后,利用下式可求出斜Y形坡口对接裂纹试验条件下,为防止冷裂纹所需要的最低预热温度t_p(℃):

$$t_p = 1\,400 P_c - 392 \qquad (3-3)$$

3.3.4　常见金属材料的焊接

1. 低碳钢的焊接

低碳钢的含碳量小于0.25%,碳当量数值小于0.40%,所以这类钢的焊接性良好,焊接时一般不需要采取特殊的工艺措施,用各种焊接方法都能获得优质焊接接头。且焊缝产生

裂纹和气孔的倾向性小,只有在母材和焊接材料成分不合格时,如碳、硫和磷的质量分数过高时,焊缝才可能产生热裂纹。低碳钢焊接时一般不需要预热,只有厚大结构件在低温下焊接时,才应考虑焊前预热,如 20 mm 以下板厚、温度低于零下 10 ℃或板厚大于 50 mm、温度低于 0 ℃,应预热 100 ~ 150 ℃。

低碳钢结构件在进行手工电弧焊焊接时,根据母材强度等级,一般选用酸性焊条 E4303 (J422),E4320(J424)等;对于承受动载荷、结构复杂的厚大焊件,选用抗裂性好的碱性焊条 E4215(J427),E4316(J426)等;进行埋弧焊时,一般选用焊丝 H08A 或 H08MnA 配合焊剂 HJ431;CO_2 气体保护焊时,焊丝可采用 H08AMnSi 和 H08Mn2SiA 等;电渣焊时,焊后应进行正火处理。

2. 中、高碳钢的焊接

中碳钢的 C_E 一般为 0.4% ~ 0.6%,随着 C_E 的增加,焊接性能逐渐变差。热影响区组织淬硬倾向增大,较易出现裂纹和气孔,为此要采取一定的工艺措施。焊接中碳钢一般选用手工电弧焊和气焊,尽量选用抗裂性能好的低氢型焊条。例如,35,45 钢焊接时,焊前应预热 150 ~ 250 ℃。为避免母材过量熔入焊缝中导致碳含量升高,要开坡口并采用细焊条、小电流、多层焊等工艺。焊后缓冷,并进行 600 ~ 650 ℃回火,以消除应力。

高碳钢的 C_E 一般大于 0.6%,焊接性能更差,这类钢一般不用来制作焊接结构,只用于破损工件的焊补。焊补时通常采用焊条电弧焊或气焊,预热 250 ~ 350 ℃,焊后缓冷,并立即进行 650 ℃以上高温回火,以消除应力。

3. 普通合金结构钢的焊接

焊接生产中常用的合金结构钢大致可分为两大类:一类是强度用钢,它主要应用在一些要求常规条件下能承受静载和动载的机械零件和工程结构中,合金元素的加入是为了在保证足够的塑性和韧性的条件下获得不同的强度等级;另一类是专用钢,主要用于一些特殊工作条件的机械零件和工程结构,必须能适应特殊环境下进行工作的要求。

(1)强度用钢

强度用钢按照屈服点数值分为三类:σ_s = 294 MPa ~ 490 MPa 的低合金高强钢,一般都在热轧或正火状态下作用,故称热轧或正火钢;σ_s = 441 MPa ~ 980 MPa 的低碳调质钢(特点是含碳碳量较低,一般小于 0.25%,焊前为调质状态)和 σ_s = 880 MPa ~ 1 176 MPa 的中碳调质钢(含碳量较高一般大于 0.3%,焊前为调质状态)。

热轧及正火钢的焊接性能接近低碳钢,焊缝及热影响区的淬硬倾向比低碳钢稍大。常温下焊接,不用复杂的技术措施,便可获得优质的焊接接头。当施焊环境温度较低或焊件厚度、刚度较大时,则应采取预热措施,预热温度应根据工件厚度和环境湿度进行考虑。

强度等级较高的低合金钢,其 C_E =0.4% ~ 0.6%,有一定的淬硬倾向,焊接性较差。且钢的强度级别越高,冷裂倾向越大,应采取的技术措施是:尽可能选用低氢型焊条或使用碱度高的焊剂配合适当的焊丝;按规范对焊条进行烘干,仔细清理焊件坡口附近的油、锈、污物、防止氢进入焊接区;焊前预热温度应更高,为 200 ~ 350 ℃;焊后应及时进行热处理以消除内应力。

(2)专用钢

珠光体耐热钢是以 Cr,Mo 为基础的低、中合金钢,如 12CrMo,20Cr3MoWV 等。其碳当量数值为 0.45% ~0.90% ,裂纹倾向较大,焊接性较差。焊条电弧焊时,要选用与母材成分相近的焊条,预热温度 150 ~400 ℃,焊后应及时进行高温回火处理。如果焊前不能预热,应选用 Ni,Cr 含量较高的奥氏体不锈钢焊条。

低温钢中含 Ni 量较高的 5Ni,9Ni 钢等,焊前不需预热,焊条成分要与母材匹配,焊接时能量输入要小,焊后回火注意避开"回火脆性区"。

耐蚀钢中除 P 含量较高的钢以外,其他耐蚀钢焊接性较好,不需预热或焊后热处理等。但要选择与母材相匹配的耐蚀焊条。

4. 奥氏体不锈钢的焊接

奥氏体不锈钢是实际应用最广泛的不锈钢,如 1Cr18Ni9Ti。奥氏体不锈钢的焊接性能良好,几乎所有的熔化焊方法都可采用。焊接时,一般不需要采取特殊措施,主要应防止晶界腐蚀和热裂纹。奥氏体不锈钢由于本身导热系数小,线膨胀系数大,焊接条件下会形成较大拉应力,同时晶界处可能形成低熔点共晶,导致焊接时容易出现热裂纹。因此,为了防止焊接接头热裂纹的出现,一般应采用小电流、快速焊,不横向摆动,以减少母材向熔池的过渡。

5. 铸铁的焊补

由于铸铁中 C,Si,Mn,S,P 的含量比碳钢高,焊接性能差,不能作为焊接结构件。铸铁在生产过程中会产生各种缺陷(如裂纹和气孔等),在使用过程中会产生裂纹和断裂损坏。因此,对铸铁件的局部缺陷进行焊补很有经济价值。

铸铁焊补的主要困难是:焊接接头易产生白口组织,硬度很高,焊后很难进行机械加工;焊接接头易产生裂纹,铸铁焊补时,其危害性比形成白口组织大;铸铁含碳量高,焊接过程中熔池中碳和氧发生反应,生成大量 CO 气体,若来不及从熔池中逸出而存留在焊缝中,焊缝中易出现气孔缺陷。

铸铁的焊补,一般采用气焊、手工电弧焊,对焊接接头强度要求不高时,也可采用钎焊。铸铁的焊补过程根据焊前是否预热,可分为冷焊和热焊两类。

(1)冷焊

冷焊常用的焊补方法是手工电弧焊。焊条的选择根据如何保证焊缝中碳、硅含量合适而不致生成白口组织或使焊缝组织为塑性好的非铸铁型组织,并保证焊后工件的加工性能和使用性能来选定;焊后采用缓冷和锤击焊缝等方法,防止白口组织生成,减少焊接应力。

(2)热焊

热焊是指焊前把工件预热至 600 ~700 ℃,然后进行焊补,焊后缓冷。常用的焊补方法是手工电弧焊和气焊。手工电弧焊适于中等厚度以上(>10 mm)的铸铁件,选用铁基铸铁焊条或低碳钢芯铸铁焊条。10 mm 以下薄件为防止烧穿,采用气焊,用气焊火焰预热和缓冷焊件,选用铁基铸铁焊丝并配合焊剂使用。

热焊法劳动条件差,一般用于焊补后还需机械加工的复杂、重要铸铁件,如汽车的缸体、缸盖和机床导轨等。

6. 有色金属的焊接

常用的有色金属有铝、铜、钛及其合金等。由于有色金属具有许多特殊性能,在工业中应用越来越广,其焊接性也越来越重要。

（1）铝及铝合金的焊接

工业生产中用于焊接的铝和铝合金主要为工业纯铝和不能热处理强化的铝合金（铝锰合金、铝美合金）和能进行热处理强化的铝合金，（铝铜镁、铝锌镁等）。铝及铝合金焊接时存在的主要问题是：

①极易氧化

铝的氧化性强，极易氧化生成熔点高（约 2 050 ℃）和密度大的氧化铝（Al_2O_3）薄膜，覆盖在金属表面，阻碍母材熔合。薄膜密度大，易进入焊缝造成夹杂而产生脆化。

②易生成气孔

铝及铝合金液态时能吸收大量的氢气，但氢在液态铝合金中的溶解度比固态高 20 多倍，所以熔池凝固时氢气来不及完全逸出，造成焊缝气孔。另外 Al_2O_3 薄膜易吸附水分，使焊缝出现气孔的倾向增大。

③容易产生热裂纹

铝的热导率为钢的 4 倍，焊接时，热量散失快，需要功率大或密度高的热源，同时铝的线膨胀系数为钢的 2 倍，凝固时收缩率达 6.6%，易产生焊接应力与变形，并可能产生裂纹。

④易焊穿

铝及铝合金从固态转化为液态时无颜色的明显变化，令操作者难以识别，不易控制熔融时间和温度，很容易造成温度过高、焊缝塌陷和烧穿等缺陷。

铝合金中，防锈铝的焊接性较好，而其他可热处理强化铝合金的焊接性相对较差。

目前，铝及铝合金常用的焊接方法有氩弧焊、气焊、点焊、缝焊和钎焊等，而氩弧焊是焊接铝及铝合金最理想的熔焊方法。采用氩弧焊焊接铝及铝合金，由于有"阴极破碎"作用可解决氧化问题，惰性气体保护等措施可以解决气孔问题，所以在氩弧焊条件下，纯铝、防锈铝合金、少部分铸造铝硅合金焊接性较好。一般薄板焊接多用钨极氩弧焊，熔化极氩弧焊主要用于板厚大于 3 mm 的构件；气焊适用于一些不重要的薄壁小件，但其焊接质量和生产率较低；电阻焊适合于焊接厚度在 4 mm 以下的焊件，需采用大电流和短时间通电的焊接规范。

无论采用何种焊接方法焊接铝合金，焊前都必须彻底清除焊接部位和焊丝表面的氧化膜与油污。

（2）铜及铜合金的焊接

常见的铜及铜合金有紫铜、黄铜和青铜等。焊接结构件常用的是紫铜和黄铜。铜及铜合金焊接的主要问题是：

①难熔合

铜及铜合金的导热性很强，约为钢的 6 倍。焊接时热量很快从加热区传导出去，热量极易散失，因而，导致焊件温度难以升高，金属难以熔化，以致填充金属与母材不能很好地熔合。因而，要求采用功率大、热量集中的热源，对于厚而大的工件焊前需预热，否则容易产生未熔合和未焊透等缺陷。

②焊接应力与变形大

铜及铜合金的线膨胀系数及收缩率都较大，并且由于其导热性好，使焊接热影响区变宽，因此焊件的焊接应力与变形较大。

③易产生气孔

铜在液态时能溶解大量氢,而凝固时,溶解度急剧下降,焊接熔池中的氢气来不及完全析出,在焊缝中形成气孔。另外氢还与熔池中的 Cu_2O 反应生成水蒸气,造成焊缝中易出现氢气和水蒸气气孔。若以很高的压力状态分布在显微空隙中,则导致裂缝产生,即所谓氢脆现象。

④热裂纹倾向大

铜及铜合金在高温液态下极易氧化,生成的氧化铜结晶时与铜形成低熔点共晶体,并沿晶界分布,使焊缝的塑性和韧度显著下降,易引起热裂纹。

铜及铜合金焊接性较差,焊接接头的各种性能一般均低于母材。为此采用焊接强热源设备和焊前预热(150~550 ℃)来防止难熔合、未焊透现象并减少焊接应力与变形;严格限制杂质含量,加入脱氧剂,控制氢来源,降低溶池冷速等防止裂纹、气孔缺陷;焊后采用退火处理以消除应力等措施。

目前,铜及铜合金常采用的焊接方法有氩弧焊、气焊、焊条电弧焊和钎焊。

氩弧焊是焊接铜和铜合金应用最广的熔焊方法。焊接时可用特制的含硅、锰等脱氧元素的纯铜焊丝,例如用 HS201,HS202 直接进行焊接;若用一般的纯铜丝可从焊件上剪下来的条料做焊丝,则必须使用焊剂来溶解氧化铜和氧化亚铜,以保证焊接质量。

气焊黄铜采用弱氧化焰,其他均采用中性焰,所用焊丝与熔剂与氩弧焊相同。由于温度较低,除薄件外,焊前应将工件预热至 400 ℃以上,焊后应进行退火或锤击处理。

铜及铜合金的钎焊性优良,硬钎焊时采用铜基钎料、银基钎料,配合硼砂、硼酸混合物等作为钎剂;软钎焊时可用锡铅钎料,配合松香、焊锡膏作为钎剂。

(3)钛及钛合金的焊接

钛(熔点 1 725 ℃,密度为 4.5 g/cm^3)及钛合金具有高强度、低密度、强抗腐蚀性和好的低温韧性,是航天工业的理想材料,因此焊接该种材料成为在尖端技术领域中必然要遇到的问题。

钛及钛合金的焊接性也较差,主要存在的问题如下:

①氧化及接头脆化

钛及钛合金化学性质非常活泼,不但极易氧化,而且在 250 ℃,400 ℃和 600 ℃开始吸氧,使接头塑性严重下降。因此,焊接时不但要保护电弧空间和熔池,而且还要保护处于高温的焊缝金属,防止接触氢、氧和氮等气体。

②容易出现裂纹和气孔

焊接接头脆化后,在焊接应力的作用下,会出现冷裂纹。有时,氢还会使接头中出现延迟裂纹;熔池金属中吸附的气体,如果冷却过程中来不及析出,易在接头中形成气孔。因此,要注意焊件和焊丝表面的清理,去除表面的氧化膜、油脂和污物等。

钛及钛合金的焊接最常用的焊接方法是钨极氩弧焊,此外还可采用等离子弧焊、真空电子束焊等。

3.4 焊接结构工艺设计

焊接结构已经广泛应用于国民经济的各个领域当中,在焊接结构的生产制造中,除考虑使用性能之外,还应考虑制造时焊接工艺的特点及要求,才能保证在较高的生产率和较低的成本下,获得符合设计要求的产品质量。各种焊接结构的主要的生产工艺过程为:备料→装配→焊接→焊接变形矫正→质量检验→表面处理(油漆、喷塑或热喷涂等)。依此,焊接结构工艺设计的内容主要包括:焊接结构材料的选择、焊接材料的选择、焊接方法的选择、焊缝布置以及正确设计焊接接头、制定焊接工艺和焊接技术条件。

3.4.1 焊接结构材料的选择

焊接结构材料的选择原则如下:

1. 在满足使用性能要求的前提下,应尽量选用焊接性较好的材料

材料的焊接性不同,焊接后接头质量差别很大。因此,应尽可能选择焊接性良好的材料来制造焊接构件,特别是优先选用低碳钢和普通低合金钢等材料。一般来说,碳的质量分数小于0.25%的低碳钢或碳当量小于0.4%的低合金钢,都具有良好的焊接性,应优先选用。而碳的质量分数大于0.5%的碳钢和碳当量大于0.4%的合金钢,一般焊接性较差,不宜用作焊接结构材料。如果实际生产需要而必须采用,应在设计和生产工艺采取必要的措施,以保证焊接质量。

2. 注重材料的冶金质量

材料的冶金质量包括钢材冶炼时脱氧的程度和所含杂质的数量、大小以及分布状况等。镇静钢脱氧完全,因而其组织致密、质量较好,一般重要的焊接结构应选用此类钢材料;而沸腾钢因含氧量较高,其冲击韧性较差,焊接时容易产生裂缝。在焊接较厚的钢板时,沸腾钢还可能发生层状撕裂,不可用于制造承受动载荷或低温工作的重要焊接结构件,不允许用于制造盛装易燃、有毒介质的压力容器。

3. 应尽量选用同种材料进行焊接

异种材料的焊接因其焊接性不同,焊接时会产生较大的焊接应力及裂纹倾向,尽量不选用,而应尽量选用同种材料进行焊接。而在实际当中,若选择异种材料进行焊接时,要特别注意选择化学成分和物理性能相近的材料。对于不同部位选用不同强度和性能的钢材料拼焊而成的复合构件,一般要求焊接接头强度不低于被焊钢材中的强度较低者。因此,在焊接工艺设计时,要对焊接材料提出要求,并且对焊接性能差的材料采取相应措施,如预热或焊后热处理等。

4. 尽量选用型材

选择焊接结构应尽量选用工字钢、槽钢、角钢和钢管等型材,以减少焊缝数量和简化焊接工艺。同时,可增加结构件的强度和刚度。对形状比较复杂的部分甚至可采用铸钢件、锻件和冲压件来进行焊接,图3-28是合理选材以减少焊缝的例子,从中可以看出,图3-28(a)需要四条焊缝,而其他只需要两条焊缝。

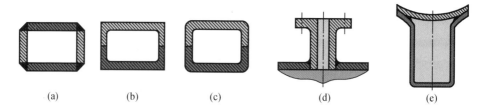

图 3 - 28 合理选材与减少焊缝

(a)用四块钢板焊成;(b)用两根槽钢焊成;(c)用两块钢板弯曲后焊成;

(d)容器上的铸钢件法兰;(e)冲压后焊接的小型容器

此外,如果结构中选用新钢种,应对此钢材进行必要的焊接性试验,以便为正确制定设计方案及工艺措施提供依据。

3.4.2　焊接材料及其选用

这里主要介绍手弧焊和埋弧焊的焊接材料。

1. 手弧焊焊接材料

(1)焊条的组成和作用

焊条由焊芯和药皮两部分组成。焊芯是焊条中被药皮包覆的金属芯,手弧焊时,焊芯既是电极,又是填充金属。药皮是压涂在焊芯表面的涂料层。

①焊芯

焊芯的作用:一是作为电极传导电流;二是熔化后作为填充金属与母材形成焊缝。焊芯的化学成分和杂质含量直接影响焊缝质量。生产中有不同用途的焊丝(焊芯),如焊条焊芯、埋弧焊焊丝、CO_2 焊焊丝、电渣焊焊丝等。

②药皮

药皮的作用:一是改善焊接工艺性,如药皮中含有稳弧剂,使电弧易于引燃和保持燃烧稳定。二是对焊接区起保护作用。药皮中含有造渣剂、造气剂等,造渣后熔渣与药皮中有机物燃烧产生的气体对焊缝金属起双重保护作用。三是起有益的冶金化学作用。药皮中含有脱氧剂、合金剂、稀渣剂等,使熔化金属顺利地进行脱氧、脱硫、去氢等冶金化学反应,并补充被烧损的合金元素。

(2)焊条的选用原则

焊条的选用直接会影响到焊接质量、生产效率和产品成本。焊条的选用一般应从以下几个方面考虑。

①焊缝金属的力学性能和化学成分

对于低碳钢、中碳钢或低合金钢,一般要求焊缝金属与母材等强度,即选用抗拉强度等于或稍高于母材的焊条,被称为"等强原则";对于焊接特殊性能钢,如不锈钢、耐热钢和非铁金属等,应使焊缝金属的化学成分与母材的化学成分相同或相近,即按母材化学成分选用相应成分的焊条,称为焊接的"同成分原则"(或"等成分原则")。

②焊件的使用性能和条件要求

对承受载荷和冲击载荷的焊件,除满足强度要求外,主要应保证焊缝金属具有较高的冲击韧性和塑性,可选用塑、韧性指标较高的低氢型焊条;接触腐蚀介质的焊件,应根据介质的性质及腐蚀特征选用不锈钢类焊条或其他耐腐蚀焊条;在高温、低温、耐磨或其他特殊条件下工作的焊接件,应选用相应的耐热钢、低温钢、堆焊或其他特殊用途焊条。

③焊件的结构特点和受力状态

对结构形状复杂、刚性大、厚度大的焊接件,由于焊接过程中产生很大的内应力,易使焊缝产生裂纹,应选用抗裂性能好的碱性低氢焊条;对受力不大、焊接部位难以清理干净的焊件,应选用对铁锈、氧化皮、油污不敏感的酸性焊条;对受条件限制不能翻转的焊件,应选用适于全位置焊接的焊条。

④施工条件和设备

在没有直流电源,而焊接结构又要求必须使用低氢焊条的场合,应选用交直流两用低氢焊条;在狭小或通风条件差的场合,选用酸性焊条或低尘焊条。

同时,在满足产品性能的条件下,尽量选用工艺性能好的酸性焊条;在满足使用性能和操作工艺性的条件下,尽量选用成本低、效率高的焊条。

2. 埋弧焊焊接材料

埋弧焊的焊接材料主要有焊丝和焊剂。埋弧焊焊丝的作用相当于手工电弧焊焊条的焊芯;埋弧焊用焊剂的作用相当于手工焊焊条的药皮。焊丝的作用:除作为电极和填充金属外,还有渗合金、脱氧、去硫等冶金作用。埋弧焊焊剂主要有熔炼焊剂和非熔炼焊剂两种,其中熔炼焊剂主要去保护作用,而非熔炼焊剂除保护作用外,还有渗合金、脱氧、去硫等冶金作用。焊剂使用前注意事项:易吸潮,防潮存放,使用前一定要烘干。

3.4.3　焊缝的布置

1. 焊缝形式

焊缝可以按照其空间位置截面形状和连续情况分别进行分类。

(1)按焊缝的空间位置

按施焊时焊工所持焊条与焊件间的相对位置关系,将焊缝分为平焊缝、立焊缝、横焊缝和仰焊缝四种形式(图 3 - 29)。平焊易操作,劳动条件好,生产率高,焊缝质量易保证,所以焊缝布置应尽可能放在平焊位置。立焊、横焊和仰焊时,由于重力作用,被熔化的金属要向下滴落而造成施焊困难,因此,应尽量避免。

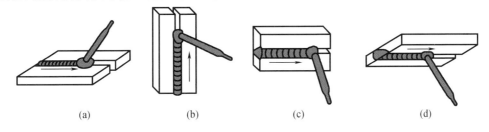

　　(a)　　　　　　(b)　　　　　　(c)　　　　　　(d)

图 3 - 29　焊缝按空间位置分类

(a)平焊缝;(b)立焊缝;(c)横焊缝;(d)仰焊缝

(2)按焊缝的截面形状

根据焊缝的截面形状分为对接焊缝、角接焊缝和塞焊缝。对接焊缝位于被连接板或其中一个板件的平面内,板件边缘常需加工坡口,焊缝金属就填充在坡口内。对接焊缝可以由对接接头形成(图3-30(a)),也可以由T形接头(或十字接头)形成(图3-30(b));角焊缝是指两焊件接合面构成直交或接近直交所焊接的焊缝,或角焊缝位于被连接板件的边缘位置,焊缝截面为三角形,如图3-30(c)所示;塞焊缝指两焊件相叠,其中一块开有圆孔,然后在圆孔中焊接所形成的填满圆孔的焊缝,如图3-30(d)所示。

(3)按焊缝的连续情况

焊接按其连续情况可分为连续焊缝和断续焊缝,若焊缝是连续的,即称为连续焊缝,如图3-31(a)所示。断续焊缝是指在接头的整个长度上不需要连续焊缝的焊接。断续焊缝较短,沿接头均匀分布,如图3-31(b)所示。

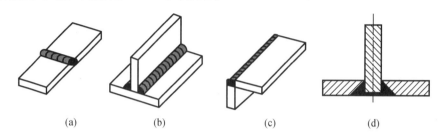

(a)   (b)   (c)   (d)

图3-30 焊缝按截面形式分类

(a)(b)对接焊缝;(c)角接焊缝;(d)塞焊缝

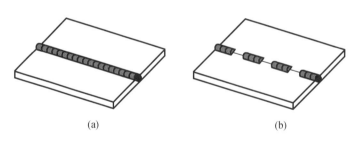

(a)   (b)

图3-31 焊缝按连续情况分类

(a)连续焊缝;(b)断续焊缝

2.焊缝位置的合理布置

焊缝布置是否合理,直接影响结构件的焊接质量和生产率。因此,设计焊缝位置时应考虑下列原则:

(1)焊缝位置应尽量对称

焊缝的对称布置可以使各条焊缝的焊接变形相抵消,对减小梁柱结构的焊接变形有明显的效果。焊缝位置对称分布在梁、柱、箱体等结构的设计中尤其重要,如图3-32所示,图(a)和图(b)中焊缝布置在焊件的非对称位置,会产生较大弯曲变形,不合理;图(c)、图(d)和图(e)将焊缝对称布置,均可减少弯曲变形。

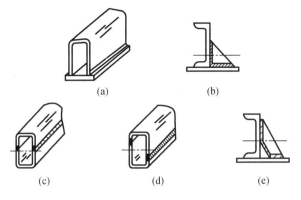

图 3 - 32　焊缝的对称布置

(a)(b)不合理；(c)(d)(e)合理

(2)焊缝的位置应尽可能分散,避免密集和交叉

焊缝密集或交叉,会使接头处严重过热,导致焊接应力与变形增大,甚至开裂。因此两条焊缝之间应隔开一定距离,一般要求大于三倍的板材厚度,且不小于 100 mm。如图 3 - 33 所示,处于同一平面焊缝转角的尖角处相当于焊缝交叉(图 3 - 33(a)(b)),易产生应力集中,应尽量避免,改为图 3 - 33(d)或(e)结构。同理,即使不在同一平面的焊缝,若密集堆垛或排布在一列都会降低焊件的承载能力,图 3 - 33 中(c)为不合理,(f)为合理。

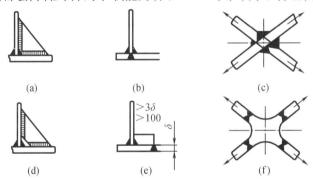

图 3 - 33　焊缝的分散布置

(a)(b)(c)不合理；(d)(e)(f)合理

(3)焊缝布置应尽量避开最大应力或应力集中位置

在设计受力的焊接结构时,最大应力或应力集中的位置不应布置焊缝。在图 3 - 34(a)中,大跨度钢梁的最大应力处在钢梁中间,钢梁结构由两段型材焊成,焊缝正布置在最大应力处,使整个结构的承载能力下降;若改用图 3 - 34(d)结构,钢梁由三段型材焊成,虽增加了一条焊缝,但焊缝避开了最大应力处,提高了钢梁的承载能力;对于图 3 - 34(b)的压力容器结构设计,为使焊缝避开应力集中的转角处,应采用图 3 - 34(e)所示的无折边封头结构;图 3 - 34(c)中的焊接构件,截面有急剧变化在此位置上布置焊缝,容易产生应力集中,因此,采用图 3 - 34(f)所示结构比较合适。

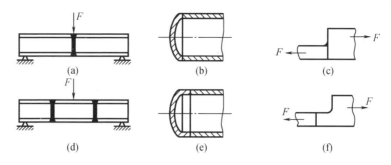

图 3 - 34　焊缝的布置应尽量避开最大应力或应力集中处

（a）（b）（c）不合理；（d）（e）（f）合理

（4）焊缝布置应避开机械加工表面

对于某些部位有较高的加工精度要求的焊件，如采用焊接结构制造的零件轮毂等（图 3 - 35（a），为方便机械加工，需先车削内孔后焊接轮辐，而为避免内孔加工精度受焊接变形影响，必须采用图 3 - 35（c）所示的结构，焊缝布置离加工面远些；焊后接头处的硬化组织会影响加工质量，焊缝布置应避开机加工表面，采用结构图 3 - 35（d）比（b）合理。

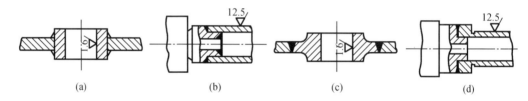

图 3 - 35　焊缝布置应避开机械加工表面

（a）（b）不合理；（c）（d）合理

（5）焊缝要能够焊接、便于焊接，并能保证质量

应尽量设置平焊缝，减少立焊缝，避免仰焊缝；要留有足够的操作空间，焊接时尽量少翻转，以提高生产率，如图 3 - 36 所示。

（6）焊缝的布置还应照顾到其他工序

焊缝的布置要考虑到检验、热处理、机械加工等工序操作的方便与安全。

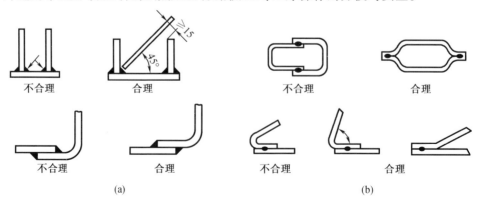

图 3 - 36　焊缝布置要能够焊接、便于焊接

（a）手工电弧焊的焊缝位置；（b）点焊或缝焊的焊缝位置

3.4.4　焊接方法的选择

各种焊接方法都有其各自特点及适用范围,选择焊接方法时要根据焊件的焊接性、结构形状(如焊件厚度)及材质、焊接质量要求、生产批量和现场设备等,在综合分析焊件质量、经济性和工艺可能性之后,确定最适宜的焊接方法。选用的原则应是:在保证产品质量的前提下,优先选用常用的焊接方法;如果生产批量较大,还应该考虑尽量降低成本和提高生产率;要考虑现场是否具有相应的焊接设备,野外施工有没有电源等。

低碳钢焊接性好,可选用各种焊接方法。如果焊件是薄板轻型结构,且无密封要求,则可以采用点焊;若有密封要求,则可采用缝焊;如果焊件为中等厚度(10 ~ 20 mm)结构,可选用手弧焊、埋弧焊或气体保护焊;若焊件为长直焊缝或大直径环形焊缝,而且生产批量也比较大,可以选用埋弧自动焊,以提高生产率;若为单件生产,或焊缝短且处于不同空位置,则选用手工电弧焊为好;氩弧焊几乎可以焊接各种的金属及合金,但成本较高,所以主要用于焊接铝、镁、钛合金结构及不锈钢等重要焊接结构;若是板厚 >40 mm 钢材直立焊缝,采用电渣焊最适宜;如果为截面小而长度大的工件(如棒材、管材、型材等)要求对接,宜采用对焊(电阻或闪光)或摩擦焊;对于稀有金属或高熔点合金的特殊构件,焊接时可考虑采用等离子弧焊接、真空电子束焊接或脉冲氩弧焊接,以保证焊接质量。(具体情况可参见本章第2节 3.2 常见焊接方法)

3.4.5　焊接接头设计

焊接接头由焊缝、熔合区和热影响区组成,是一个性能不均匀的区域,也是组成焊接结构的关键部分。焊接接头的设计包括焊接接头形式设计和坡口形式设计。设计接头形式主要考虑焊件的结构形状和板厚、接头使用性能要求等因素。设计坡口形式主要考虑焊缝能否焊透、坡口加工难易程度、生产率、焊条消耗量、焊后变形大小等因素。

1. 焊接接头形式设计

焊接接头基本形式主要包括对接接头、搭接接头、T 形接头、角接接头等,如表 3 - 3 所示。

表 3 - 3　手工电弧焊焊接接头的基本形式与尺寸

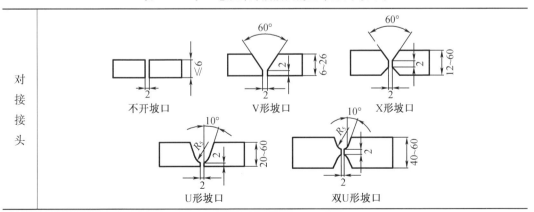

表 3 – 3（续）

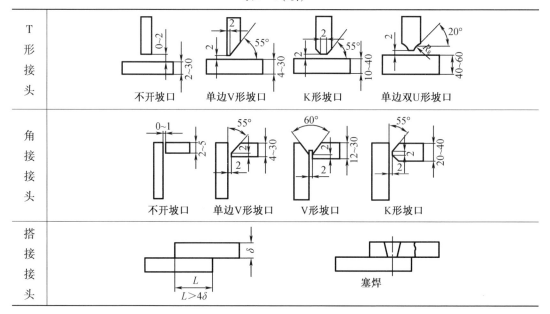

T 形接头	不开坡口	单边V形坡口	K形坡口	单边双U形坡口
角接接头	不开坡口	单边V形坡口	V形坡口	K形坡口
搭接接头			塞焊	

对接接头是焊接结构中使用最多的一种形式,对接接头上应力分布比较均匀,应力集中小,焊接质量容易保证,但对焊前下料尺寸和定位装配尺寸要求相对较高。一般锅炉、压力容器等焊件常采用对接接头。

搭接接头的接头部分重叠,焊缝受剪切力作用,应力分布不均,会产生附加弯矩,且材料损耗大,但对下料尺寸和焊前定位装配尺寸要求精度不高,且接头结合面大,增加承载能力,所以薄板、细杆焊件如厂房金属屋架、桥梁、起重机吊臂等桁架结构常用搭接接头;点焊、缝焊工件的接头为搭接,钎焊也多采用搭接接头,以增加结合面。

角接接头便于组装,能获得美观的外形,但其承载能力较差,通常只起连接作用,不能用来传递工作载荷。

T 形接头也是一种应用非常广泛的接头型式,在船体结构中约有 70% 的焊缝采用 T 形接头,在机床焊接结构中的应用也十分广泛。

在结构设计时,设计者应综合考虑结构形状、使用要求、焊件厚度、变形大小、焊接材料的消耗量、坡口加工的难易程度等因素,以确定接头型式和总体结构型式。

2. 焊接接头坡口形式设计

为使厚度较大的焊件能够焊透,常将金属材料边缘加工成一定形状的坡口,坡口能起到调节母材金属与填充金属比例,即调整焊缝成分的作用,同时也能使焊缝成形美观。坡口的常用加工方法有气割、切削加工(车或刨)和碳弧气刨等。常见的接头坡口形式和尺寸如表 3 – 3 所示。

在手工电弧焊焊接时,若板厚小于 6 mm 时,一般不需要开坡口即采用 I 形坡口;但重要结构件的板厚较大时,就需要开坡口,以保证焊接质量。手工电弧焊的 V 形和 U 形坡口可单向焊接,焊接性比较好,但角变形较大,消耗焊条较多;X 形和双 U 形坡口需两面施焊,受热均匀、变形小,焊条消耗小;U 形和双 U 形较 V 形和 X 形坡口易焊透,消耗焊条少,但形状较复杂,加工困难,成本高,一般在重要厚板结构中采用。埋弧焊焊接较厚板可不开坡口,为使焊剂与焊件贴合,接缝处可留一定间隙。

坡口形式的选择既取决于板材厚度,也要考虑加工方法和焊接工艺性。如要求焊透的受力焊缝,能双面焊尽量采用双面焊,以保证接头焊透,变形小,但生产率下降。若不能双面焊时才开单面坡口焊接。

对于不同厚度的板材,为保证焊接接头两侧加热均匀,接头两侧板厚截面应尽量相同或相近,不同厚度钢板对接时允许厚度差如表3-4所示。

表3-4 不同厚度金属材料对接时允许的厚度差

较薄板的厚度/mm	2~5	6~8	9~11	≥12
允许厚度差$(\delta_1-\delta)$/mm	1	2	3	4

如果允许厚度差$(\delta_1-\delta)$超过表中规定值,或者双面超过$2(\delta_1-\delta)$时,较厚板板料上加工出单面或双面斜面的过渡形式如图3-37(a)所示,钢板厚度不同的角接与T形接头受力焊缝,可采用图3-37(b)(c)的形式过渡。

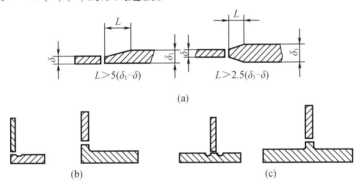

图3-37 不同厚度材料的焊接接头的过渡形式
(a)对接;(b)角接;(c)T形接

3.4.6 焊接质量检验

焊接产品质量检验是以检查和评价焊接产品质量的专门学科,是焊接结构制造不可缺少的重要环节。焊接检验内容包括从图纸设计到产品研制出的整个生产过程中所使用的材料、工具、设备、工艺过程和成品质量的检验,焊接质量检验的目的是:保证焊接产品质量、保证使用安全、改进焊接工艺、降低生产成本。只有经过焊接质量检验后的焊接产品,其安全使用性能才能得到保证,并促使焊接技术的更广泛的应用。

1. 焊接缺陷及原因

常见的焊接缺陷有气孔、夹渣、焊接裂纹、未焊透、未熔合、焊缝外形尺寸和形状不符合要求、咬边、焊瘤、弧坑等。缺陷产生的原因:一般是因为结构设计不合理、原材料不符合要求、接头焊前准备不仔细、焊接工艺选择不当或焊工操作技术等原因造成的。

2. 焊接质量检验过程

焊接质量检验分为三个阶段:焊前检验、焊接过程中的检验、焊后成品的检验。

(1)焊前检验

焊前检验包括原材料(如母材、焊条、焊剂等)的检验、焊接结构设计的检查及技术文件的认证检查等。

(2)焊接过程中的检验

焊接过程中的检验包括焊接工艺规范的检验、焊缝尺寸的检查、夹具情况和结构装配质量的检查等。

(3)焊后成品的检验

焊后成品的检验是焊接产品制成后的最后质量评定检验。焊接产品只有经过检验并证明已达到设计要求的质量标准后,才能以成品形式出厂。

3. 焊接质量检验方法

检验方法根据对产品是否造成损伤可分为破坏性检验、非破坏性检验和声发射检测。非破坏检验是指不损坏被检查材料或成品的性能及完整性的检验,如外观检验、致密性试验、强度检验和无损检验等;破坏性检验是指从焊件或试件上切取试样,或以产品(或模拟体)的整体破坏做试验,以检查其各种力学性能的试验法,如力学性能试验、化学分析试验和金相检验等;声发射检测是在不使焊接结构(件)发生破坏的力的作用下进行的,是利用大多数金属材料在塑性变形和断裂时所产生的声发射现象,采用声发射探伤设备进行检测的方法。

下面介绍几种常用的检验方法:

(1)外观检验

焊接接头的外观检验是一种手续简便而又应用广泛的检验方法,是成品检验的一个重要内容,主要是发现焊缝表面的缺陷和尺寸上的偏差。一般通过肉眼直接观察或借助样板,用低倍数放大镜观察焊件表面,同时检查焊缝外形与尺寸。

(2)致密性试验

致密性检验又分为气密性检验和密封性检验:气密性检验是将压缩空气(或氨、氟利昂、氦、卤素气体等)压入焊接容器,利用容器内、外气体的压力差检查有无泄漏的试验法;密封性检验是检查是否有漏水、漏气、漏油和渗油等现象,常用的有煤油试验、载水试验和水压试验等

(3)强度检验

受压容器,除进行密封性试验外,还要进行强度试验。常见有水压试验和气压试验两种。它们都能检验在压力下工作的容器和管道的焊缝致密性。气压试验比水压试验更为灵敏和迅速,同时试验后的产品不用排水处理,对于排水困难的产品尤为适用。但试验的危险性比水压试验大。进行试验时,必须遵守相应的安全技术措施,以防试验过程中发生事故。

(4)力学性能试验

用于评定焊接接头或焊缝金属的力学性能,常用的有焊缝和接头拉伸试验、冲击试验、弯曲试验和硬度试验等。

（5）无损检测

无损检测主要包括射线检测（RT）、超声波检测（UT）、磁粉检测（MT）和渗透检测（PT）四大类常规检测方法，是开发较早、应用较广泛的探测缺陷的方法。其中 RT 和 UT 主要用于探测试件风部缺陷；MT 和 PT 主要用于探测试件表面缺陷。

3.5　焊接工艺设计实例

压力气罐焊接工艺

结构名称：压力气罐（图3-38）。

材料：Q235A

板厚：筒体 10 mm，管壁 6 mm，法兰 10 mm。

生产批量：小批生产。

1. 焊接方法、焊接接头形式和坡口形式的确定

（1）压力气罐中间罐身长 6 000 mm，直径 2 600 mm，因此罐身可由四节宽 1 500 mm 的筒体对接而成，每节筒体可用 8 168 mm（长）×1 500 mm（宽）×10 mm（厚度）的钢板冷卷后焊接而成。

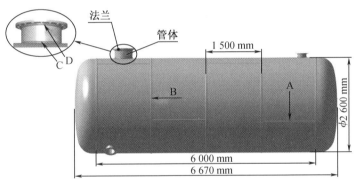

图3-38　压力气罐结构图

（2）钢板拼接焊缝和筒体收口焊缝均为纵缝，记为 A（图3-38）。焊前在背面制备 V 形坡口，如图3-39（a）所示，采用手弧焊封底。正面不开坡口，用埋弧自动焊一次焊成。

（3）筒体与筒体及封头与筒体间的对接焊缝为环缝，记为 B（图3-38）。同样采用 V 形坡口，用手弧焊封底，用埋弧自动焊完成。为避免纵缝 A 与环缝 B 十字交叉，对接时，相邻筒体的纵缝均应错开一定距离。

（4）管体与罐身的连接焊缝为相贯线角连接头，记为 C（图3-38），焊缝采用单边 V 形坡口，如图3-39（b）所示，用手弧焊完成。

（5）管体与法兰盘的连接焊缝为环形角接接头，记为 D（图3-38），焊缝采用单边 V 形坡口，如图3-39（b）所示，用手弧焊完成。

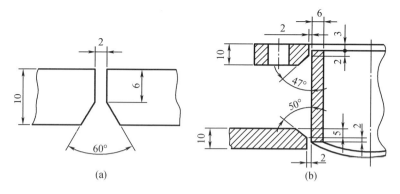

图 3 - 39　坡口形式及尺寸设计

(a)V 形坡口;(b)单边 V 形坡口

2. 焊接材料的选用

手弧焊均选用 J422 焊条,埋弧自动焊均采用 H08MnA 焊丝,配用焊剂 431。

3. 焊接工艺过程

(1)气罐中间罐身部分的焊接成形

中间部分罐身长度为 6 000 mm,直径为 2 600 mm,其为四节长度为 1 500 mm、直径为 2 600 mm 的筒体对接而成,成形工艺过程如下。

① 备料:根据气罐罐身部分的直径(2 600 mm)计算出冷卷单个筒体的所用的钢板长度为 8 168 mm。按图 3 - 40 下料准备四块 8 168 mm(长) × 1 500 mm(宽) × 10 mm(厚度)的钢板(Q235A)。钢板也可按长度要求拼接而成。

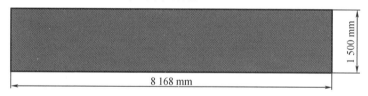

图 3 - 40　冷卷用钢板简图

② 冷卷成形:将四块备好的钢板分别冷卷成形,并焊接收口,如图 3 - 41 所示。

③ 筒体对接:将四节筒体依次对接,完成罐身部分的成形。然后,按图纸尺寸要求,在罐身相应位置画线并打孔。筒体对接、打孔完成后的罐身部分如图 3 - 42 所示。

图 3 - 41　冷卷后焊接而成的单个筒体简图

图 3 - 42　筒体对接成形的罐身

(2)气罐封头与筒体的对接

气罐封头采用热压成形,与罐身连接处有长 100 mm 的直段,使焊缝避开转角应力集中的位置。之后,将封头与筒体对接成形,如图 3-43 所示。

图 3-43 气罐封头与筒体的对接

(3)管体与罐身、法兰与管体的连接

分别完成管体与筒体、法兰与管体的焊接之后,即完成所有罐身成形,如图 3-44 所示。

图 3-44 成形完成的压力气罐

4. 工艺措施

用材为低碳钢,焊接性良好,不需采用特殊工艺措施。

5. 检验

(1)焊前检验。包括材质、规格、性能、外观和下料尺寸的检验等。

(2)生产过程中的检验。包括成形尺寸、形状、焊缝外观、焊缝内部质量(探伤)、焊缝性能等的检验。

(3)成品检验。包括外观检查、压力检查等。

复习思考题

1. 熔焊焊接接头由哪几个区构成?

2. 什么是焊接热影响区? 低碳钢焊接时热影响区分为哪些区段?

3. 产生焊接应力和变形的原因是什么? 焊接应力如何消除?

4. 焊接变形的基本形式有哪些?

5. 为防止和减少焊接变形,焊接时应采取何种工艺措施?

6. 焊芯和药皮在电弧焊中分别起什么作用?

7. 钎焊时钎剂的作用是什么?

8. 何谓金属材料的焊接性? 它包括哪几个方面?

9. 焊接接头的形式有哪几种? 焊接坡口的作用是什么?

10. 在手弧焊的焊接接头形式中,为什么有的焊件不开坡口,有的开坡口,甚至开双面坡口? 试分析其原因。

11. 简述钛及钛合金焊接方法的选择。

12. 低碳钢的焊接性能如何,为什么? 焊接低碳钢应用最广泛的焊接方法是哪些?

13. 三块钢板拼焊,其焊接顺序有 a 和 b 两种,试问哪一个方案比较合理? 并说明不合理方案在焊接时可能产生的缺陷。

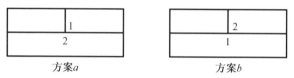

题图 3 - 1

第4章 陶瓷及粉末冶金成形技术

粉末冶金与陶瓷的成形方法是利用粉末特有的性能,通过坯体成形、烧结等一系列工艺组成的。粉末冶金与陶瓷成形工艺重要的特点是材料的制备和成形可以一体化。粉末冶金与陶瓷的主要制备工艺过程包括粉末制备、成形和烧结等一系列工艺。

4.1 陶瓷及粉末冶金成形工艺过程

典型的工艺过程是:(1)原料粉末的制备;(2)粉末物料在压模中加压成型,得到一定形状和尺寸的压坯;(3)压坯在一定的温度下加热烧结,使制品获得最终的物理和力学性能。现代工艺的发展已经远远超出此范畴而日趋多样化。

4.2 粉末的制取

粉末一般是金属粉末或金属与非金属粉末的混合物。粉末的制取过程和性能对最终的粉末冶金制品有着重要的影响,制取粉末的方法可以分为机械法和物理化学法两大类。机械法制取粉末是将原材料机械地粉碎而化学成分基本不发生变化的工艺过程;物理化学法则是借助物理或化学的作用,改变原材料的聚集状态或化学成分而获得粉末的工艺过程,在一般的工业化生产中,这些方法间并没有明确的分界而是相互补充的。从生产规模来看,应用最广泛的是还原法、雾化法、电解法和机械法;还有一些特殊方法如气相沉积法等在特殊应用时也很重要。

1. 还原法

采用化学还原反应从金属氧化物或盐类制得金属粉末的方法就是还原法。这是应用最广的一种金属粉末制造法,铁、镍、钴、铜、钨、钼等的粉末都可用这种方法制造。还原法制得的粉末呈多面体,为海绵状,成形性和烧结性好。

2. 雾化法

利用高速的气流或水流直接击碎液体金属或合金来制取粉末的一种物理制备法就是雾化法。雾化法工艺简便,可连续、大量生产,而被广泛采用。其缺点是合金粉末易产生偏析以及难以制得很小的细粉。

3. 电解法

电解法原理与电镀相同。水溶液电解可以产生铜、镍、铁、银等金属粉末,一定条件下也可制得合金粉末。电解粉末纯度较高,形状一般为树枝状,压制性较好,但是电能消耗大,生产效率低,成本较高,仅适用于实验室需求或纯度要求高的情况。

4. 机械粉碎法

机械粉碎是靠压碎、击碎和磨削等作用,将块状金属和合金机械地粉碎成粉末的。这种方法既是一种独立的制粉方法,也是某些制粉方法中不可或缺的一部分。机械粉碎法在粉末生产中占有重要地位。

除了上述几种方法之外,目前还有很多方法越来越多的被利用在工业化生产中,比如快速冷凝技术、机械合金化等,这些都是具有重要意义的粉末制造新技术。

4.3　粉末的性能

粉末的性能主要包括颗粒形状、粒度、粒度分布、比表面积、压制性、成形性、流动性及化学成分等。粉末的性能对粉末的行为及粉末冶金制品性能的影响十分重大。

1. 化学成分

常用的金属粉末有铁、铜、铝等及其合金的粉末,金属粉末的化学成分一般是指主要金属或组分、杂质以及气体的含量。一般要求其杂质和气体含量不超过 $1\% \sim 2\%$,否则会影响制品的质量。

粉末中的杂质主要是指:

(1)与主要金属结合而形成的固溶体或化合物的金属或非金属成分,如还原铁粉中的Si,Mn,C,S,P 和 O 等。

(2)从原料和粉末生产过程中带进的机械夹杂,如 SiO_2,Al_2O_3,以及硅酸盐、难熔金属或碳化物、硼化物、硅化物等。

(3)粉末表面吸附的氧、水汽和其他气体如 N_2,CO_2 等。

2. 物理性能

金属粉末或合金的物理性能,除了本身所具有的熔点、硬度、密度(理论密度和自然集密度)以及塑性变形外,还有颗粒形状与结构、颗粒大小和粒度组成,此外还有颗粒的比表面积、颗粒的密度和显微硬度等,这些性能也是影响超硬材料金属粉末成形模具制造质量的重要因素。

(1)粉末的粒度、粒度组成和粒形。粉末粒度及即粉末的粗细。粉粒越细,制品性能越好。粒度以“目”来表示,目数越大颗粒越细。但球磨过细的粉末是很难的。粒度组成范围广,则制品密度高,性能好,尤其对制品边角强度特别有利。粒形也会影响制品的性能,以球形粒性能最好。

(2)颗粒比表面积。颗粒比表面积即单位质量粉末的总表面积,可通过实际测定,通常用 $cm^2 \cdot g^{-1}$ 或 $m^2 \cdot g^{-1}$ 来表示。比表面积大小影响着粉末的表面能、表面吸附及凝聚等表面特性。

3. 工艺性能

(1)压缩性。压缩性表示粉末在压制过程中被压紧的能力,用规定单位压力下粉末所达到的压坯密度来表示,它取决于粉末颗粒的塑性或显微硬度,塑性材料金属粉末比硬、脆性材料的压缩性要好,压缩性很大程度上还与颗粒的大小及形状有关。

(2)成形性。成形性是指粉末压制后,压坯保持既定形状的能力,通常用粉末得以成形的最小单位压制压力表示,或用压坯的强度来衡量。成形性主要受颗粒形状和结构的影响。

(3)流动性。流动性是指粉末的流动能力,常用 50 g 粉末从标准漏斗流出所需的时间来表示,单位为 $s \cdot (50\ g)^{-1}$。一般讲,等轴状粉末和粗颗粒粉末流动性好,但流动性受颗粒粘附作用的影响。如果颗粒表面吸附水分、气体或加入成形剂,就会降低粉末的流动性。粉末流动性直接影响压制操作时的自动装粉和最终得到的压件密度的均匀性,因此是实现自动压制工艺中必须考虑的重要工艺性能。

4.4　粉末的预处理

为了满足产品最终性能的需要或压制成形过程的要求,在粉末压制成形前要对粉末原料进行一定的准备,即退火、筛分、混合、制粒和加润滑剂等。

1. 退火

退火是指在一定气氛中以适当的温度对原料粉末进行加热处理,以使氧化物还原,降低碳和其他杂质的含量,提高粉末纯度,还能消除粉末的冷变形强化和稳定晶体结构。采用还原法、机械研磨法、电解法和雾化法等制取的粉末均需经退火处理。此外,为了防止某些超细金属粉末自燃,需要经退火纯化其表面。

2. 筛分

筛分是将不同颗粒大小的原始粉末进行分级。较粗的粉末一般采用标准筛网制成的筛子进行筛分,而对钨、钼等难熔金属细粉或超细粉则使用空气分级的方法,使粗细颗粒按不同的沉降速度进行区分。

3. 混合

混合是指将两种或两种以上的不同成分的粉末混合均匀的过程。将相同化学成分而不同粒度的粉末混合称为合批;两种以上化学组元的粉末混合称为混合。混合的目的是使性能不同的组元形成均匀的混合物,以利压制和烧结时状态均匀一致。

4. 制粒

制粒是将小颗粒的粉末制成大颗粒或团粒的操作过程,常用来改善粉末的流动性和稳定粉末的松装密度,以利于自动压制。由于粉末流动阻力是由粉末颗粒间的直接或间接接触而阻碍其他颗粒的自由运动引起的,因此,一般将数十细小颗粒聚集在一起制成小球来改善其流动性。

4.5　粉末的成形

4.5.1　粉末冶金的成形工艺

将预处理后的粉末经过成形工序,得到的具有既定形状与强度的粉末体称为压坯。粉末成形技术包括普通模压成形和特殊成形。前者是将金属粉末或混合粉末装在压模内,通过压机使其成形;特殊成形是指各种非模压成形。

1. 普通模压成形

模压成形是指粉料在常温下、封闭的刚性模(多为钢模)、按规定的压力在普通机械式压力机或自动液压机上将粉料制成压坯的方法。这种成形过程通常由以下工作步骤组成:称粉、装粉、压制、保压及脱模。

（1）称粉与装粉

这个过程就是称量成形一个压坯所需的粉料的质量或容量，再将粉料装入模具的过程。

（2）压制方法

压制是按一定的单位压力，将装在型腔中的粉料，聚集成达到一定密度、形状和尺寸要求的压坯的工序。封闭钢模冷压成形时有四种最基本的压制方法，如图4-1所示。其他方式都是这四种基本方式的组合，或是用不同结构来实现的。

①单向压制。单向压制成形时，阴模和下模冲不动，由上模冲单向对粉末施加压力。这种压制方法因上模冲和阴模间摩擦阻力的作用，将使制品上下两端密度不均匀。压坯直径越小或高度越大，压坯的密度差就越大。单向压制只适于压制无台阶类高度小或壁厚大的零件。

②双向压制。双向压制成形时，阴模固定不动，上、下模冲以大小相等、方向相反的压力同时对粉末施加压力。这种压制方法将使制品的中间密度低，两端密度高且相等。这种方式只适用于压制无台阶类厚度较大的零件。

③浮动阴模压制。在压制过程中，阴模由弹簧支承着，下模冲固定不动，先由上模冲对粉末施压，随着压缩的进行，阴模壁与粉末间的摩擦将逐渐增大到超过弹簧的支承力时，阴模即与上模冲一起下行，相当于下模冲上升，从而实现了双向压制。

④引下法。阴模的运动是靠压机而不是靠摩擦力起作用，一开始上模冲压下一定的距离，然后和阴模一起下降，阴模的下降速度可根据每个制品的需要进行精确地控制。压制结束时，上模冲回升，阴模则被进一步引下，位于下模冲上的压坯即呈静止状态脱出。这种方式适于压制形状复杂的零件和因摩擦力小而不能浮动压制的制品。

（3）压制过程

模压成形过程中，粉末沿压力方向整体运动，并在压力作用下发生变形与断裂。使坯件密度增加、孔隙度减少，粉粒从弹性变形转为塑性变形，颗粒间从点接触转为面接触。由于颗粒间的机械啮合和接触面增加，是粉末体形成具有一定强度的压坯。

压制压力达到规定值后予以保压，可提高压坯密度。

（4）脱模

压坯从模具型腔中脱出是压制工序中重要的一步。压坯从模腔中脱出后，会产生弹性恢复而胀大，这种胀大现象叫作回弹或弹性后效，可用回弹率表示。其大小与模具尺寸计算有直接关系。

2. 特殊成形技术

（1）注射成形技术

粉末注射成形技术是将塑料注射成形的思路和方法应用到粉末成形上的一门新技术。粉末成形技术的基本工艺过程是：将粉末与黏结剂混合后，在一定温度下使得黏结剂熔融，然后进一步混合均匀，在注射剂压力作用下，从注射剂喷嘴射入模具，经冷却脱模后得到生坯，实现粉末成形。粉末微成形注射技术的原理与传统的粉末注射成形是一致的，只是最后得到的生坯的尺寸是在微米级，且其粉末粒径亦为微米级别，加大了的制粉的难度，此外，其模具需采用微加工技术加工。北京科技大学自行研制开发了具有自主知识产权的粉末微注射成形用模具，并成功注射成形出齿顶圆直径小于1 mm的微型齿轮。粉末注射成形可以获得组织结构均匀，力学性能优异的净成形零部件，制造比传统的工艺要低，且通过注射成形的零件一般都不需要在经过机械加工，而且能加工出传统粉末冶金方法不能制造的各种形状复杂的零件。现在粉末注射成形生产已实现一体化,自动化程度高。

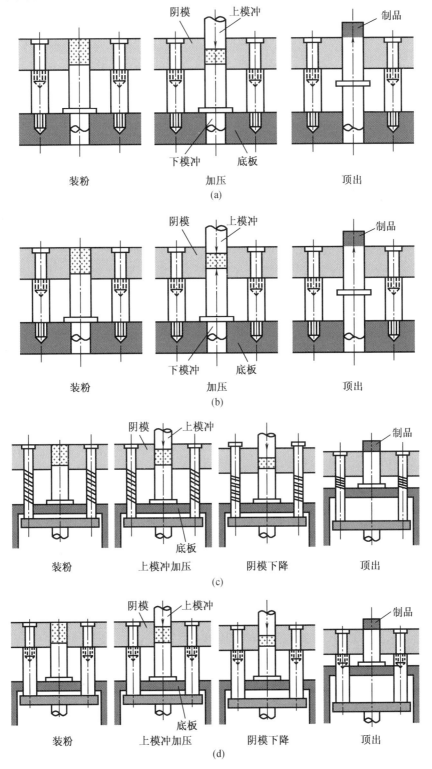

图 4 –1　典型成形方法示意图

(a)单向压制;(b)双向压制;(c)浮动阴模;(d)引下法

（2）等静压成形技术

等静压成形过程的基本原理是将混合粉末经过真空吸粉、气动填料输入等静压成形机的模具（橡胶模具或塑料模具）中，再通过介质（水或油或气体）向各向施加均等的压力，压制成致密、结实的制品。等静压成形又可分为冷等静压和热等静压，前者传递压力的介质是水或油，后者传递压力的介质是气体。等静压成形的特点是能制成形状复杂的零件；制品密度均匀，强度高；成本低廉；在较低温度下可以值得接近完全致密的材料。然而，其制品表面精度和光洁度比钢模压制法低；生产率低；模具寿命短。

（3）温压成形技术

粉末温压技术，顾名思义其加压温度介于室温和热压温度之间，一般为 $100 \sim 150 ℃$，在压力作用下混合粉末（粉末加高温润滑剂）在预热的封闭钢模中被加压成形。其特点是：制造铁基粉末冶金零部件的成本低；能使生坯致密；制品强度高；可以制造复杂形状零件；密度均匀等。

4.5.2　陶瓷材料的成形工艺

1. 注射成形

陶瓷注射成形技术（CIM）类似于 20 世纪 70 年代发展起来的金属注射成形（MIM）技术，它们均是粉末注射成形（PIM）技术的主要分支，均是在聚合物注射成形技术比较成熟的基础上发展而来的，是当今国际上发展最快、应用最广的陶瓷零部件精密制造技术。其突出的优点包括：

① 成形过程机械化和自动化程度高；

② 可近净成形各种复杂形状的陶瓷零部件，使烧结后的陶瓷产品无须进行机械加工或少加工，从而降低昂贵的陶瓷加工成本；

③ 成形出的陶瓷产品具有极高的尺寸精度和表面光洁度。

因此，陶瓷注射成形成为现有陶瓷成形技术中高精度和高效率的成形方法之一。

陶瓷注射成形的制备工艺过程如图 4 - 2 所示。包括以下几个方面：首先是喂料制备，即将可烧结的陶瓷粉料与合适的有机载体按一定配比在一定温度下均匀混炼，然后干燥、造粒；而后进行注射成形，即喂料在料筒加热熔融，在一定温度和压力下高速注入模具内，达到完好的充模和脱模；随后进行脱脂，即通过加热或其他物理化学方法将成形体内的有机物排除；脱脂后的坯体即可在高温下致密化烧结，烧结所得到的坯体可以进行后续加工。概括起来主要包括以下四个阶段：配料及混炼、注射成形、脱脂和烧结。其中前三个阶段是陶瓷注射成形技术所特有的，因此与陶瓷注射成形有关的研究也主要是围绕这三个阶段进行。

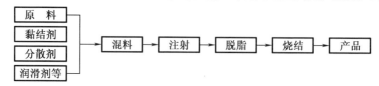

图 4 - 2　CIM 工艺流程图

2. 挤出成形

挤出成形工艺是生产制造等截面陶瓷产品最常用的工艺之一。该工艺可以在低温、低压条件下将陶瓷粉体混合物挤出,得到较长的等截面线材、管材或片材。该工艺除了在传统耐火材料、复合材料的成形中广泛应用外,近年来在固体氧化物电池、超导陶瓷复合材料、热电材料和压电材料的研制开发方面也得到了新的应用。随着陶瓷挤压工艺应用范围的进一步拓展,挤压工艺的研究也变得越来越重要。

近年来对于陶瓷及其复合材料挤出成形的研究进展,主要集中在对挤压浆料的制备技术、挤压新工艺的开发,以及对挤压过程的理论分析进而指导工艺和设备开发工作方面。

(1)成形设备及装备

挤出机一般分为两种,一种是螺旋推进式,另一种是活塞式。图4-3表示卧式挤出机的结构:A为挤出筒,B为孔板,C为连接挤压机和模具部分(以下称为连接筒),D为成形模具。在成形过程中,挤出筒A内部的陶瓷泥料所受到的挤出压力分布曲线如图4-3(b)中曲线1表示。在靠近挤出筒A内部和中心轴附近的挤出压力比较小,而在挤出筒A内壁到中心轴之间的陶瓷泥料所受到的挤出压力比较大。分析认为,这是由于陶瓷泥料在挤出筒A内部流动时受到内壁的摩擦阻力所造成的;而在中心轴即螺旋顶点a处对陶瓷泥料不产生向前的推动挤压力比较小。当陶瓷泥料通过孔板B时,由于孔板B的通孔对陶瓷泥料产生比较大的变形阻抗,因此使通过孔板B前的陶瓷泥料的挤出压力分布不均匀的程度得到了充分的改善。通过孔板B后,正对着孔板B通孔的陶瓷泥料受到比较大的挤出压力,而其他位置的陶瓷泥料所受到的挤出压力比较小,如图4-3(b)所示的挤出压力分布曲线2。随着陶瓷泥料的向前移动,同样受到来自连接筒C内壁的摩擦阻力,从而使挤出压力的不均匀分布加剧,如图4-3(b)所示的挤出压力分布曲线3,4。因此形成的蜂窝陶瓷体F的机械强度不均匀,内部积存着大量的应力,在干燥烧成时产生裂纹甚至开裂,严重降低了产品的质量。

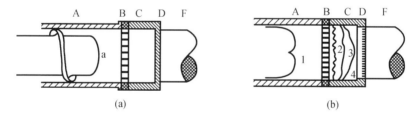

图4-3　螺旋推进式挤出机模具与主机连接结构

(2)挤出成形分类

①纤维或晶须增强陶瓷基复合片材的挤出

块状陶瓷的本质脆性使其应用受到限制,加入纤维或晶须作为增强相,有利于改善其韧性和抗热震性。复合挤出成形有望以低成本工艺制备出高性能的纤维或晶须增强陶瓷基复合片材。

在挤出过程中,陶瓷和增强纤维或晶须的混合浆料通过剪切流动挤出,导致纤维或晶须在生坯体中单向排列。平行于挤出方向的成形收缩率很小,垂直于挤出方向的收缩率则较大。由于材料的机械性能与纤维或晶须的取向密切相关,为了在实现纤维强化的同时保证材料的综合性能,可以通过挤出片材的叠层设计调整纤维或晶须的取向角。在片状材料增强的复合材料挤出成形过程中,也存在增强相取向的问题。

实施挤压工艺的过程中,当增强相硬度较大时,如使用碳化硅纤维时,必须重视挤压机的磨损问题。

②共挤出技术

采用两种或两种以上的浆料通过同一模具共同挤出来制造均匀截面制品的技术称为共挤出技术。它可使具有复合结构的多层线材或管材能一次完成挤出,其显著优点在于减少了工艺步骤。近年来已被广泛应用于氧化铝、复合层状陶瓷、多层管、氧化锆和不锈钢构成的金属/陶瓷复合管和小尺寸的氧化铝、莫来石部件的成形方面。复合挤压技术为开发结构、功能一体化的高性能陶瓷部件开辟了新的道路。

3 浇注成形

浇注成形是将陶瓷原料粉体悬浮于水中制成料浆,然后注入模型内成形,坯体的形成主要有注浆成形(由模型吸水成坯)、凝胶注模成形(由凝胶原位固化)等方式。

(1)注浆成形

注浆成形是将陶瓷悬浮料浆注入多孔质模型内,借助模型的吸水能力将料浆中的水吸出,从而在模型内形成坯体。其工艺过程包括悬浮料浆制备、模型制备、料浆浇注、脱模取件、干燥等阶段。

(2)凝胶注模成形

凝胶注模成形是20世纪90年代初发展起来的新工艺,它将传统的陶瓷注浆成形工艺与有机高分子化学单体聚合技术相结合。首先将陶瓷细粉加入含分散剂和有机高分子化学单体(如丙烯酰胺与双甲基丙烯酰胺)的水溶液中,调制成低黏度、高固相(陶瓷原料粉的体积分数通常达50%以上)含量的浓悬浮料浆,再将聚合固化引发剂(如过硫酸铵)加入料浆混合均匀,在料浆固化前将其注入无吸水性的模型内,在所加引发剂的作用下,料浆中的有机单体交联聚合成三维网状结构,使浓悬浮料浆在模型内原位固化成形。采用此法可制备形状复杂精确的高强度、高密度、高均匀化陶瓷坯体,提高烧结体的性能和质量,其尺寸也不受限制,坯体的高强度为陶瓷烧结前的切削加工提供了可能性,并可减少坯体特别是大型、薄壁坯体的破损,而且该工艺成本低廉。因此,凝胶注模成形愈加受到人们的瞩目。

图4-4为凝胶注模成形工艺。首先将粉料分散于含有有机单体和交联剂的水溶液中,加入分散剂,制备出低黏度高固相含量的悬浮液,球磨一定时间,利用真空除泡,加入引发剂,注入模具,加热引发成形,将粉料黏结在一起,最终形成具有一定强度和柔韧性的三维网状结构,坯体脱模后,经干燥处理,进行烧结,有机凝胶将在高温下分散挥发,坯体致密化后可以成为可精加工的陶瓷部件。

4. 流延成形

流延成形是薄片陶瓷材料的一种重要成形方法,该工艺是由 C. N. Howatt 首次提出并应用于陶瓷成形领域,于1952年获得专利。流延成形的主要优点是适于成形大型薄板陶瓷或金属部件。这类部件几乎不可能或很难通过压制或挤制成形,而通过流延成形制造各种尺寸和形状的坯体则是十分容易的,而且可以保证坯体质量。据报道目前已有流延机能够成形厚度为3 μm 的产品。另有研究者在普通的流延成形机上成形了厚度为12 $\mu m \sim 3$ mm 的薄膜。目前,流延成形已成为生产多层电容器和多层陶瓷基片的支柱技术,同时也是生产电子元件的必要技术。

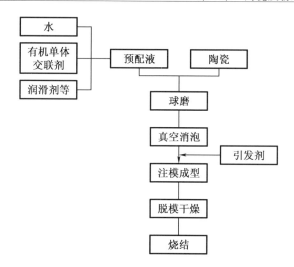

图 4-4　凝胶注模工艺流程图

流延成形工艺包括浆料制备、球磨、成形、干燥、剥离基带等过程。该工艺的特点是设备简单,工艺稳定,可连续操作,生产效率高,可实现高度自动化。流延成形的工艺主要包括水基流延成形工艺、紫外引发聚合流延成形工艺和凝胶流延成形工艺等。

5. 等静压成形

等静压成形是利用液体瓶体介质均匀传递压力的性能,把陶瓷粒状粉料置于有弹性的软模中,使其受到液体或气体介质传递的均衡压力而被压实成形的一种新型成形方法。

等静压成形过程中粉料受压均匀,无论坯体的外形曲率如何变化,所受到的压力全部为均匀一致的法向正压力,压制效果好,且成形压力可根据需要调节,所用模具的制作也较方便。等静压成形的坯体密度高且均匀,烧结收缩小,不易变形,制品强度高,质量好,适于形状复杂、较大且细长制品的制造。但等静压成形设备成本高。

等静压成形可分为冷等静压成形与热等静压成形。

(1)冷等静压成形

冷等静压成形是在室温下,采用高压液体传递压力的等静压成形,根据使用模具不同又分为湿式等静压成形和干式等静压成形,如图 4-5 所示。

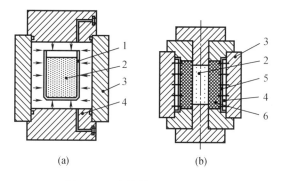

图 4-5　冷等静压成形示意图

(a)湿式;(b)干式

1—弹性模具;2—粉料;3—高压容器;4—压力传递介质;5—加压橡胶袋;6—成形橡胶模

①湿式等静压成形

如图 4-5(a)所示,将配好的粉料 2 装入塑料或橡胶制成的弹性模具 1 内,密封后置于高压容器 3 内,注入高压液体介质 4(压力通常在 100 MPa 以上),此时模具与高压液体直接接触,压力传递至弹性模具对坯料加压成形,然后释放压力取出模具,并从模具中取出成形好的坯体。湿式等静压容器内可同时放入几个模具,压制不同形状的坯体,该法生产效率不高,主要适用于成形多品种、形状较复杂、产量小和大型制品。

②干式等静压成形

在高压容器 3 内封紧一个加压橡胶袋 5,加料后的模具送入橡胶袋 5 中加压,压成后又从橡胶袋中退出脱模;也可将模具直接固定在容器橡胶袋中。此法的坯料添加和坯件取出都在干态下进行,模具也不与高压液体直接接触,如图 4-5(b)所示。而且,干式等静压成形模具的两头(垂直方向)并不加压,适于压制长型、薄壁、管状制品。

(2)热等静压成形

热等静压成形是在高温下,采用惰性气体代替液体作压力传递介质的等静压成形,是在冷等静压成形与热压烧结的工艺基础上发展起来的,又称热等静压烧结。它用金属箔代替橡胶膜,用惰性气体向密封容器内的粉末同时施加各向均匀的高压高温,使成形与烧结同时完成。与热压烧结相比,该法烧结制品致密均匀,但所用设备复杂,生产效率低、成本高。

6. 其他成形方法

(1)热压烧结

热压烧结是将干燥粉料充填入石墨或氧化铝模型内,再从单轴方向边加压边加热,使成形与烧结同时完成,如图 4-6 所示。由于加热加压同时进行,陶瓷粉料处于热塑性状态,有利于粉末颗粒的接触、流动等过程的进行,因而可减小成形压力,降低烧结温度,缩短烧结时间,容易得到晶粒细小、致密度高、性能良好的制品。但制品形状简单,且生产效率低。

(2)热压注成形

热压注成形如图 4-7 所示,是利用蜡类材料热熔冷固的特点,将配料混合后的陶瓷细粉与熔化的蜡料黏合剂加热搅拌成具有流动性与热塑性的蜡浆,在热压注机中用压缩空气将热熔蜡浆注满金属模空腔,蜡浆在模腔内冷凝形成坯体,再行脱模取坯。

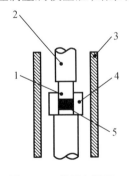

图 4-6　热压(成形)

1—模冲;2—压杆;3—发热体;4—凹模;5—粉料

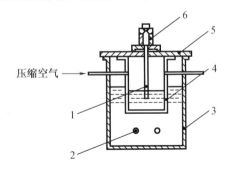

图 4-7　热压注成形示意图

1—供料管;2—加热装置;3—热油浴器;
4—蜡浆桶;5—工作台;6—模具

蜡浆的制备是热压注成形工艺中最重要的一环,其制备过程如图4-8所示。

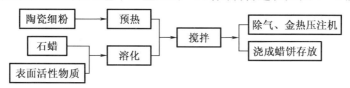

图4-8　蜡浆制备过程示意图

拌蜡前的陶瓷细粉应充分干燥并加热至60~80℃,再与熔化的石蜡在和蜡机中混合搅拌,陶瓷细粉过冷易凝结成团块,难以搅拌均匀。石蜡作为增塑剂,具有良好的热流动性、润滑性和冷凝性,其加入量通常为陶瓷粉料用量的12%~16%。加入表面活性物质(如油酸、硬脂酸、蜂蜡等)的目的是使陶瓷细粉与石蜡更好结合,减少石蜡用量,改善蜡浆成形性能与提高蜡坯强度。

热压注成形时,蜡浆温度一般为65~75℃、模具温度为15~25℃、注浆压力为0.3 MPa~0.5 MPa、压力持续时间通常为0.1~0.2 s。

热压注成形的蜡坯在烧结之前,要先埋入疏松、惰性的吸附剂中加热进行排蜡处理,以获得具有一定强度的不含蜡的坯体。若蜡坯直接烧结,将会因石蜡的流失、失去黏结而解体,不能保持其形状。

热压注成形方法适于批量生产外形复杂、表面质量好、尺寸精度高的中小型制品,且设备较简单、操作方便、模具磨损小、生产效率高。但坯体烧结收缩较大,易变形,不宜制造壁薄、大而长的制品(不易充满模腔),且工序较繁,耗能大(需在较高温度下长时排蜡处理),生产周期长。

4.6　粉　末　烧　结

1. 烧结过程

烧结是将压坯按一定的规范加热到规定温度并保温一段时间,使压坯获得一定的物理及力学性能工序。在烧结过程中,粉末经历一系列的物理变化。粉末的等温烧结过程大致可以分为三个阶段。

(1)黏结阶段

烧结初期,颗粒间的原始接触点或面转变成晶体结合,即通过成核、结晶长大等原子迁移过程形成烧结颈。这一阶段,颗粒内晶粒不发生变化,颗粒外形也基本未变,整个烧结体不发生收缩,密度增加也极微,但是烧结体的强度和导电性由于颗粒结合面增大而又明显增加。

(2)烧结颈长大阶段

原子向颗粒结合面的大量迁移使烧结颈扩大,颗粒间距离缩小,形成连续的孔隙网络。同时由于晶粒长大,晶界越过孔隙移动,而被晶界扫过的地方,孔隙大量消失。烧结体收缩,密度和强度增加是这个阶段的主要特点。

（3）闭孔隙球化和缩小阶段

当烧结体密度达到90%以后,多数孔隙被完全分隔,闭孔数量大为增加,孔隙形状趋近球形并不断缩小。在这个阶段,整个烧结体仍可缓慢收缩,但主要是靠小孔的消失和孔隙数量的减少来实现的。这一阶段可以延续很长时间,但是仍残留少量的隔离小孔隙不能消除。

2. 烧结方法

烧结方法大致可以分为两类。在烧结过程中有明显液相出现的方法被称为液相烧结,烧结发生在低于其组成成分熔点的温度,如普通铁基粉末冶金轴承烧结;而烧结过程中无明显液相出现的称为固相烧结,烧结发生在两种组成成分熔点之间,如硬质合金与金属陶瓷制品的烧结。液相烧结时,在液相表面张力的作用下,颗粒互相紧靠,故烧结速度快、制品强度高。

若根据烧结时有无化学反应,所施加压力高低来分类,烧结过程还可以分为反应烧结、常压烧结、热压烧结和热等静压烧结等。

4.7 后 处 理

许多粉末冶金制品在烧结后可直接使用,但有些制品还要进行必要的后处理才能使用。后处理的目的是:①提高制品的物理及化学性能;②改善制品表面的耐腐蚀性;③提高制品的形状与尺寸精度。

后处理的种类很多,一般由产品的要求来决定,常用的几种后处理方法如下:

1. 复压

复压是为提高烧结体的精度和性能而进行的施加压力处理,包括精整和整形等。精整是为达到所需尺寸而进行的复压,通过精整模对烧结体施压以提高尺寸精度。整形是为达到特定的表面形状和粗糙度而进行的复压。复压后的零件往往需要复烧或退火。

2. 浸渗

利用烧结件孔隙的毛细现象,在烧结件中浸入各种液体的过程叫作浸渗。常用的浸渗方法有浸油、浸塑料、浸熔融金属等。浸油即在烧结体内浸入润滑油,改善其自润滑性能,并可起到防锈、防腐的作用,常用于铁、铜基含油轴承。浸塑料是在烧结体内浸入聚四氟乙烯溶液,经固化后,可以实现无油润滑,常用于金属塑料减摩零件。浸熔融金属可提高制品的强度和耐磨性,如在铁基材料中浸入铜溶液或铅溶液等。浸渗有的可在常压下进行,有的则需在真空下进行。

3. 切削加工

切削加工有时是必要的,如在制品上加工横槽、横孔及尺寸精度要求高的面等。

4. 热处理

热处理可提高铁基制品的强度和硬度。常用的热处理方法有淬火、化学热处理、热机械处理等,工艺方法一般与致密材料相似。由于孔隙的存在,对于孔隙度大于10%的制品,不得采用液体渗碳或盐浴炉加热,以防盐液浸入孔隙中造成内腐蚀。低密度零件在气体渗碳时还容易渗透到制件中心。为了防止堵塞孔隙可能引起的不利影响,可采用硫化处理封闭孔隙。

5. 表面保护处理

表面保护处理对于仪表、军工及有防腐要求的粉末冶金制品很重要。常用的表面处理方法有蒸汽发蓝处理、浸油、浸硫并退火、电镀、浸锌、磷化和阳极化处理等。

此外,还可通过锻压、焊接、切削加工和特种加工等方法进一步改变烧结体的形状、尺寸或提高精度,以满足零件的最终使用要求。

复习思考题

1. 试述粉末的工艺性能。
2. 粉末的制备方法有哪几种?
3. 粉末冶金的成形方法有哪些?
4. 什么是粉末冶金的预处理,都有哪些方法?
5. 粉末冶金制品的后处理方法有哪些? 并分别指出各种方法的目的。
6. 陶瓷有哪些成形方法?

第5章 高分子材料成形技术

高分子材料是由相对分子质量较高的化合物构成的材料,我们接触的很多天然材料通常是高分子材料组成的,如天然橡胶、棉花、人体器官等。人工合成的化学纤维、塑料和橡胶等也是如此。一般把在生活中大量采用的,已经形成工业化生产规模的高分子材料称为通用高分子材料,把具有特殊用途与功能的高分子材料称为功能高分子材料。高分子材料有很高的分子量,质轻,密度小,有优良的力学性能、绝缘性能和隔热性能。

高分子材料的结构决定其性能,对结构的控制和改性,可获得不同特性的高分子材料。高分子材料独特的结构和易改性、易加工特点,使其具有其他材料不可比拟、不可取代的优异性能,从而广泛用于科学技术、国防建设和国民经济各个领域,并已成为现代社会生活中衣、食、住、行等各个方面不可缺少的材料。在成形过程中,聚合物有可能受温度、压强、应力及作用时间等变化的影响,导致高分子降解、交联以及其他化学反应,使聚合物的聚集态结构和化学结构发生变化。加工过程不仅决定高分子材料制品的外观形状和质量,而且对材料超分子结构和织态结构甚至链结构有重要影响,因此,了解和掌握已有的高分子材料成形方法,对进一步改进和完善这些方法,甚至提出新的成形方法,从而保证不同用途的高分子材料产品的生产具有重要的意义。

5.1 高分子材料成形理论基础

5.1.1 高分子材料的结构

高分子材料又称高聚物材料,是以相对分子质量大于 10 000 的高分子化合物为主要成分,与各种添加剂配料,经加而成的有机合成材料。高分子材料分子量大,且结构多变,组成高分子化合物的大分子一般具有链状结构,是由一种或几种简单的低分子有机化合物重复连接而成的,称为大分子链。高分子的链状结构主要有线型、支链型和体型三种类型,如图 5 −1 所示。

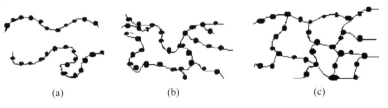

(a)　　　　　　　　(b)　　　　　　　　(c)

图 5 −1　大分子链结构示意图

(a)线型;(b)支链型;(c)体型

5.1　大分子链结构示意图

通常具有线型的高分子结构的聚合物属于热塑性聚合物,如大多数塑料以及未硫化的橡胶;具有支链型高分子结构的聚合物也属于热塑性聚合物;而具有体型高分子结构的聚合物通常整块就是一个大分子,不能溶解、受热软化或熔融,因此成为热固性聚合物,包括固性塑料和硫化橡胶等。

5.1.2　高聚物的聚集态与力学状态

1. 高聚物的聚集态

高聚物中大分子的排列和堆砌方式称为高聚物的聚集态。高聚物大分子链的聚集态主要有三种结构,即结晶态结构、取向态结构(部分有序)和非晶态结构(无定型),如图 5 – 2 所示。

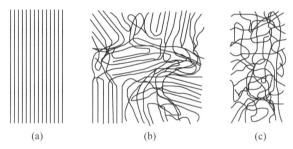

(a)　　　　　　　(b)　　　　　　　(c)

图 5 – 2　大分子链的聚集态结构示意图

(a)结晶态结构;(b)取向态结构;(c)非晶态结构

2. 高聚物的力学状态

聚合物的类型不同,受热时表现的力学状态也不同。根据聚合物所表现的力学性质,将线型非晶态高聚物在不同温度下的力学状态划分为三种:玻璃态、高弹态和黏流态。其变形 – 温度曲线如图 5 – 3 所示,其中 T_g 为玻璃化温度,T_f 为黏流温度,T_d 为分解温度。

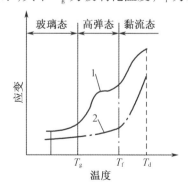

图 5 – 3　线型非晶态高聚物的变形 – 温度曲线示意图

玻璃态:低温下,链段不能运动。在外力作用下,只发生大分子原子的微量迁移,产生少量弹性变形。

高弹态:分子活动能力增加,受力时产生很大弹性变形。用于这种状态的高聚物是橡胶。

黏流态:由于温度高,分子活动能力很大,在外力作用下,大分子链可以相对滑动。黏流态是高分子材料的加工态。

5.1.3 聚合物的成形性能

与金属及无机材料相比,高分子材料不仅仅具有特有的力学、物理、化学性能,而且在成形中的高分子材料具有良好的可模塑性、可挤压性和可延性。正是这些成形性质为高分子材料提供了适于多样成形技术的可能性,也是聚合物得到广泛应用的重要前提。

1. 流动性

在成形过程中,塑料熔体在一定的温度与压力作用下充填模具型腔的能力,称为塑料的流动性。热塑性塑料流动性的大小,一般可从相对分子质量大小、熔融指数、阿基米德螺旋线长度、表观黏度及流动比(流程长度/塑料件壁厚)等各种指数进行分析。相对分子质量小,相对分子质量分布宽,分子结构规整性差,熔融指数高,螺旋线长度大、表观黏度小,以及流动比大的塑料,其流动性好。

塑料流动性的好与不好,在很大程度上影响成形工艺的许多参数,如成形温度体系中的各个参数、压力体系中的各个参数、成形周期中各项目的时间、模具浇注系统各部分的尺寸以及其他各结构参数。

2. 可延性

可延性表示无定形或是半结晶体聚合物在一个方向或两个方向上受到压延或拉伸时变形的能力,材料的这种性质为生产长径比很大的产品提供了可能,利用聚合的可延性,可通过压延或拉伸工艺生产薄膜、片材和纤维。线型聚合物的可延性来自于大分子的长链结构和柔性。在形变过程中在拉伸的同时变细或是变薄、变窄。材料延伸过程中的应力 - 应变如图 5 - 4 所示。由于材料在拉伸时发热,温度升高,以致形变明显加速,并且出现"细颈"现象。这种因形变而引起发热,使材料变软而形变加速的现象称为"应变软化"。所谓"细颈",就是在拉应力作用下截面形状突然变细的一个很短的区,如图 5 - 5 所示。出现细颈以前的材料基本是未拉伸的,细颈部分的材料则是拉伸的。

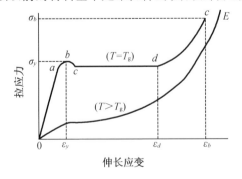

图 5 - 4 聚合物拉伸时典型的应力应变图

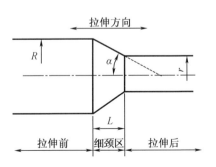

图 5 - 5 聚合物拉伸时的细颈现象

3. 收缩性

聚合物的收缩性是聚合物在凝固和冷却的过程中,体积和尺寸收缩的现象。聚合物的收缩不仅影响制品精度,还会使制品出现缩孔、凹陷和翘曲变形等缺陷。由成形收缩引起的线尺寸变化率称为成形收缩率,一般为 1% ~5% 。

4. 熔体弹性

在聚合物熔体黏性流动过程中伴随有可逆的弹性变形称为熔体弹性。熔体弹性取决于聚合物类型和成形条件等因素,提高成形温度,采用相对分子质量较小的聚合物或降低剪切速率等,均有利于减小熔体弹性。

5. 可挤压性

可挤压性指聚合物通过挤压作用变形时获得保持形状和现状的能力。材料的可挤压性与聚合物的流变性、熔融指数和流动速率密切相关。

5.1.4　高聚物的分类

高聚物的类型有很多,常用的分类方法常有以下几种:

(1)按合成反应分有加聚聚合物和缩聚聚合物,所以高分子化合物通常称为聚合物或高聚物。

(2)按高聚物的热性能及成形工艺特点分为热固性和热塑性两大类。

(3)按用途分有塑料、橡胶、合成纤维、胶粘剂、涂料等。

工程上常用的高分子材料主要有塑料和橡胶。

5.2　塑料成形工艺

5.2.1　塑料成形工艺基础

塑料是以合成树脂或天然树脂为原料,在一定温度和压力条件下可塑制成形的高分子材料。塑料问世只有几十年,但目前已经广泛应用于机械、电子、汽车、航空航天、家电、生活用品等领域,代替了大量金属零件,给人类生活带来了更多色彩。塑料之所以应用广泛,是由于其具有许多优良特征。例如密度小、比强度和比刚度高、化学稳定性好及黏结性成形性好等。

1. 塑料的构成

塑料是以树脂为基本成分,加入其他添加剂并可在一定条件下塑化成形的物质。

树脂在塑料中起决定性作用,在简单成分塑料中,树脂含量为 90% ~100% ;在复杂成分的塑料中树脂含量为 40% ~60% 。目前生产中主要使用合成树脂,很少使用天然树脂。树脂决定了塑料的类型和基本性能,并且使塑料具有塑形或流动性,从而具有成形性。

添加剂的种类较多,主要有以下几种。

(1)填充剂

在塑料中,填充剂的作用是增塑作用,可以减少树脂含量,节约成本。此外,它还可以起到改性作用,使塑料的某些性能得到明显改善,扩大塑料的适用范围。

(2)增塑剂

增塑剂的作用主要是增加塑料的塑形、流动性和柔韧性,从而改善塑料的成形性能,降低脆性。但增塑剂往往会使树脂硬度、抗拉强度等性能降低。

(3)着色剂

着色剂的主要作用是装饰美观作用,同时还能提高塑料的光稳定性、热稳定性、耐候性等。

(4)润滑剂

润滑剂的主要作用是防止塑料在成形过程中产生黏膜,改善塑料的流动性,提高塑料的光泽度。

(5)稳定剂

稳定剂的作用是抑制和防止树脂在成形过程中或使用过程中产生降解,一般将其分为热稳定剂、光稳定剂、抗氧化剂等。

2. 塑料的分类

塑料的分类方法主要有两种。一种是按塑料中树脂的分子结构及热性能分为热塑性塑料和热固性塑料;另一种是按塑料的性能及用途分为通用塑料、工程塑料、特种塑料等。

(1)热塑性塑料

热塑性塑料指加热后会熔化,可流动至模具冷却后成型,再加热后又会熔化的塑料;即可运用加热及冷却,使其产生可逆变化(液态⟷固态),是所谓的物理变化。通用的热塑性塑料其连续的使用温度在100 ℃以下,聚乙烯、聚氯乙烯、聚丙烯、聚苯乙烯并称为四大通用塑料。热塑料性塑料受热时变软,冷却时变硬,能反复软化和硬化并保持一定的形状。可溶于一定的溶剂,具有可熔和可溶的性质。热塑性塑料易于成型加工,但耐热性较低,易于蠕变,其蠕变程度随承受负荷、环境温度、溶剂、湿度而变化。

(2)热固性塑料

热固性塑料是指在受热或其他条件下能固化或具有不熔特性的塑料,如酚醛塑料、环氧塑料等。热固性塑料又分甲醛交联型和其他交联型两种类型。热加工成型后形成具有不熔不溶的固化物,其树脂分子由线型结构交联成网状结构。再加强热则会分解破坏。典型的热固性塑料有酚醛、环氧、氨基、不饱和聚酯、呋喃、聚硅醚等材料,还有较新的聚苯二甲酸二丙烯酯塑料等。它们具有耐热性高、受热不易变形等优点。缺点是机械强度一般不高,但可以通过添加填料,制成层压材料或模压材料来提高其机械强度。

(3)通用塑料

一般是指产量大、用途广、成型性好、价格便宜的塑料。通用塑颗粒颗粒料有五大品种,即聚乙烯(PE)、聚丙烯(PP)、聚氯乙烯(PVC)、聚苯乙烯(PS)及丙烯腈－丁二烯－苯乙烯共聚物(ABS)。这五大类塑料占据了塑料原料使用的绝大多数。通用塑料主要应用在工程产业、国防科技等高端的领域,如汽车、航天、建筑、通信等领域。塑料根据其可塑性分类,可分为热塑性塑料和热固性塑料。通常情况下,热塑性塑料的产品可再回收利用,而热固性塑料则不能。

（4）工程塑料

一般指能承受一定外力作用，具有良好的机械性能和耐高、低温性能，尺寸稳定性较好，可以用作工程结构的塑料，如聚酰胺、聚砜等。在工程塑料中又将其分为通用工程塑料和特种工程塑料两大类。工程塑料在耐久性、耐腐蚀性、耐热性等方面能达到很高的要求，而且加工更方便并可替代金属材料。工程塑料被广泛应用于电子电气、汽车、建筑、办公设备、机械、航空航天等行业，以塑代钢、以塑代木已成为国际流行趋势。

（5）特种塑料

一般是指具有特种功能，可用于航空、航天等特殊应用领域的塑料。如氟塑料和有机硅具有突出的耐高温、自润滑等特殊功用，增强塑料和泡沫塑料具有高强度、高缓冲性等特殊性能，这些塑料都属于特种塑料的范畴。

3. 塑料的工艺特性

（1）热塑性塑料的工艺特性

①收缩性。在熔融状态下一定量塑料的体积总比其固态下的体积大，说明塑料经成型冷却后发生了体积收缩，塑料的这种性质称为收缩性。

②动性。是指在成型过程中，塑料熔体在一定的温度与压力作用下充填模腔的能力。

③相容性。又俗称为共混性，是指两种或两种以上不同品种的塑料，在熔融状态不产生相分离现象的能力。如果两种塑料不相容，则混熔时制件会出现分层、脱皮等表面缺陷。

④吸湿性。是指塑料对水分的亲疏程度。水分在成型机械的高温料筒中变成气体，促使塑料高温水解，导致塑料降解，使成型后的塑件出现气泡、银丝与斑纹等缺陷。

⑤热敏性。聚甲醛、聚三氟氯乙烯等热稳定性差的塑料，在高温下受热时间较长、浇口截面过小或剪切作用大时，料温增高就易发生变色、降解、分解的倾向，塑料的这种特性称为热敏性。

（2）热固性塑料的工艺特性

与热塑性塑料相比，热固性塑料制件尺寸稳定性好、耐热性好合刚性大，在工程上应用十分广泛。

①收缩率。

a. 热收缩，热胀冷缩引起塑件尺寸的变化；

b. 结构变化引起的收缩；

c. 弹性恢复，塑料制件固化后并非刚性体，脱模时，成型压力降低，产生一定的弹性恢复；

d. 塑性变形。

②流动性。流动性的意义与热塑性塑料流动性类同，每一品种的塑料分为三个不同等级的流动性：流动性较差的，适用于压制无嵌件、形状简单、厚度一般的塑件；流动性中等的，用于压制中等复杂程度的塑件；流动性好的，可用于压制结构复杂、型腔较深、嵌件较多的薄壁塑件，或用于压注成型。流动性的影响因素主要有成型工艺、模具结构以及塑料品种等。

③比容和压缩率。比容和压缩率都表示粉状或短纤维状塑料的松散性。

④硬化速度。热固性塑料树脂分子完成交联反应，由线形结构变成体形结构的过程称

为硬化。硬化速度通常以塑料试样硬化1 mm厚度所需的秒数来表示,此值越小时,硬化速度就越快。影响硬化速度的因素有塑料品种、塑件形状、壁厚、成型温度及是否预热、预压等。

⑤水分与挥发物含量。塑料中的水分及挥发物来自两个方面:其一是塑料在制备中未能全部除净水分,或在储存、运输过程中,由于包装或运输条件不当而吸收水分;其二是来自压缩或压注过程中化学反应的副产物。分及挥发物在成型时变成气体,必须排除模外,有的气体对模具有腐蚀作用,对人体也有刺激作用。为此,在模具设计时应对这种特征有所了解,并采取有用措施。

5.2.2 塑料的成形方法

1. 注射成形

注射成形是一种很重要的材料成形方法,特别是在高分子材料成形方面占有极其重要的位置。除了很大的管、棒、板等型材不能用此法生产外,其他各种形状、尺寸的高分子材料制品都可以用注射工艺生产,注射成形还可用于复合材料、泡沫材料成形,也可与中空吹塑等其他工艺结合使用。除少数几种热塑性塑料(如聚四氟乙烯和超高相对分子质量聚乙烯)因难熔融或熔融黏度太大等原因不能采用注射成形外,大多数热塑性塑料和很多热固性塑料都能采用注射成形,具有生产效率高、劳动强度低、易于自动化的突出优点,成为橡胶成形加工的重要工艺和发展方向。

注射成形亦称为注塑或注射模塑,其基本工艺过程是将塑化物料在注射机柱塞或螺杆的推动下,快速注射进入预先闭合的模具型腔中,然后通过冷却或化学反应固化而定形得到制品。物料的塑化过程通常直接在注射机料筒内进行,塑化有两种情况:一种是将粒状物料在料筒内受热熔化而成具有流动性的熔体;另一种是将粉状物料(如金属粉末、陶瓷粉末)与有机载体及助剂按比例加入注射机料筒,然后有机载体受热熔化并在注射机料筒内混合分散成膏状浆料,如陶瓷坯体的注射成形。注射成形的基本过程是塑化、注射和定型。图5-6为注射机器和塑模的剖面图。

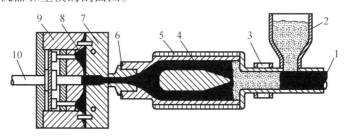

图5-6　注射机和塑模的剖面图

1—柱塞;2—料斗;3—冷却套;4—分流梭;5—加热器;6—喷嘴;7—固定模板;8—制品;9—活动模板;10—顶出杆

2. 挤出成形

挤出成形又称挤出模塑或挤塑、挤压。挤出在热塑性塑料加工领域中,是一种变化多、用途广、在塑料加工中占比例很大的加工方法。挤出制成的产品都是横截面一定的连续材料,如管、板、丝、薄膜、电线电缆的涂覆等。挤出过程可分为三个阶段:第一阶段是塑料塑化阶段,通过挤出机加热器加热和螺杆、料筒对塑料的作用使固态塑料变成均匀的黏流态塑料;第二阶段是使黏流态的塑料在螺杆的推动下,以一定的压力和速度连续地通过成形机头,从而获得一定截面形状的连续体;第三阶段是用适当的方法使挤出的连续体失去塑性状态而变为固体,即得所需制品。挤出成形生产过程连续性强,生产效率高,成本低,操作简单,工艺条件易控制,产品质量均匀,能产出各种截面形状的塑料制品。

管材挤出成形和挤出中空吹塑成形是塑料挤出成形的两个主要成形方法。管材挤出成形是将塑化的塑料熔体在螺杆的推动下,通过机头的环形通道而形成管材。如图 5 -7 所示,管材挤出主要包括成形、定形、冷却和牵引等过程。吹塑是把熔融状态的塑料型坯置于模具内,然后闭合模具,借助于压缩空气把塑料型坯吹胀,是指紧贴模具内腔,经冷却定形后得到所需塑料制品的一种成形方法。吹塑中挤出中空吹塑是目前成形中空制品的最主要的生产方法。

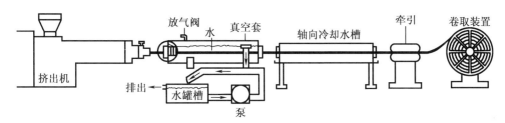

图 5 -7　管材挤出成形示意图

3. 压制成形

压制成形又称压缩成形、压塑成形、模压成形等,是将固态的粒料或预制的片料加入模具中,通过加热和加压方法,使其软化熔融,并在压力的作用下充满模腔,固化后得到塑料制件的方法。压制成形主要用于热固性塑料,热塑性材料压制成形是将粉状、粒状或纤维状的塑料放在成形温度下的模具型腔中,然后闭模加压,在温度和压力作用下,热固性塑料转为熔融的黏流态,并在这种状态下流满型腔而取得型腔所赋予的形状,所后发生交联反应,分子结构由原来的线型分子结构转为网状分子结构,塑料也有黏流态转化为玻璃态,即硬化定型成塑料制品,最后脱模取出制品。

与注射成形相比,压制成形设备、模具简单,能生产大型制品;但生产周期长、效率低,较难实现自动化,难以生产厚壁制品及形状复杂的制品。

4. 层压成形

用或不用黏结剂,借加热,加压把相同或不相同材料的两层或多层结合为整体的方法。层压成形常用层压机操作,这种压机的动压板和定压板之间装有多层可浮动热压板。

层压成形常用的增强材料有棉布、玻璃布纸张、石棉布等,树脂有酚醛、环氧、不饱和聚酯以及某些热塑性树脂。

5. 冷压模塑

冷压模塑又叫冷压烧结成形,和普通压缩模塑的不同点是在常温下使物料加压模塑。脱模后的模塑品可再行加热或借助化学作用使其固化。该法多用于聚四氟乙烯的成形,也用于某些耐高温塑料(如聚酰亚胺等)。一般工艺过程为制坯—浇结—冷却三个步骤。

6. 低压成形

使用成形压力小于或等于 1.4 MPa 的模压或层压方法。低压成形方法用于制造增强塑料制品。增强材料如玻璃纤维、纺织物、石棉、纸、碳纤维等。常用的树脂绝大多数是热固性的,如酚醛、环氧、氨基、不饱和聚酯、有机硅等树脂。低压成形包括袋压法、喷射法:

(1)袋压成形

借助弹性袋(或其他弹性隔膜)接受流体压力而使介于刚性模和弹性袋之间的增强塑料均匀受压而成为制件的一种方法。按造成流体压力的方法不同,一般可分为加压袋成形、真空袋压成形和热压釜成形等。

(2)喷射成形

成形增强塑料制品时,用喷枪将短切纤维和树脂等同时喷在模具上积层并固化为制品的方法。

5.2.3 塑件结构的工艺性

塑件结构设计应当满足使用性能和成形工艺两方面的要求。利用注塑工艺生产产品时,由于塑料在模腔中的不均匀冷却和不均匀收缩以及产品结构设计得不合理,容易引起产品的各种缺陷,如缩印、熔接痕、气孔、变形、拉毛、顶伤、飞边。为得到高质量的注塑产品,我们必须在设计产品时充分考虑其结构工艺性。

1. 塑料制品零件的产品外形及壁厚

确定合适的制品壁厚是制品设计的主要内容之一。产品外形尽量采用流线外形,避免突然的变化,以免在成形时因塑料在此处流动不顺引起气泡等缺陷。塑料件壁厚设计与零件尺寸大小、几何形状和塑料性质有关。塑料件的壁厚决定于塑料件的使用要求,即强度、结构、尺寸稳定性以及装配等各项要求,壁厚应尽可能均匀,避免太薄,否则会引起零件变形,产品壁厚一般 2~4 mm。小制品可取偏小值,大制品应取偏大值。

2. 表面粗糙度

塑件的表面粗糙度主要受模腔表面粗糙度控制,一般模腔表面粗糙度比塑件小 1~2级。对于不透明塑件,其外观表面有一定要求,而对于其内表面,只要不影响使用,比外表面大 1~2 级即可;对于透明塑件内外表面的粗糙度应相同。

3. 脱模斜度

在塑件外表面脱模方向设置脱模斜度是为便于脱模,避免产品拉毛,避免产品顶伤。脱模斜度与塑件精度密切相关。制品精度要求越高,脱模斜度应越小;尺寸大的制品,应采用较小的脱模斜度;制品形状复杂不易脱模的,应选用较大的斜度;制品收缩率大,斜度也应加大;制品壁厚大,斜度也应大。

4. 加强筋

加强筋的主要作用是增加塑件强度,避免塑件翘曲变形。对于加强筋的使用要注意以下几点要求:

(1)用高度较低、数量稍多的筋代替高度较高的单一加强筋。

(2)塑胶件,对壁厚均匀性有要求,壁厚不均匀工件将有缩水痕迹。加强筋的厚度最好小于产品壁厚的1/3,最大比值不超过 0.6,避免厚筋底冷却收缩时产生表面凹陷。

（3）筋的布置方向最好与熔料的充填方向一致。

（4）筋的根部用圆弧过渡，以避免外力作用时产生应力集中而破坏。但根部圆角半径过大则会出现凹陷。

（5）一般不在筋上安置任何零件。

（6）位于制品内壁的凸台不要太靠近内壁，以避免凸台局部熔体充填不足。

5. 圆角

塑件内、外表面转角处，尽可能以圆弧过渡，避免因锐角而造成应力集中等弊病。圆角可以分散载荷，增强及充分发挥制品的机械强度。圆角太小可能引起产品应力集中，导致产品开裂。改善塑料熔体的流动性，便于充满与脱模，消除壁部转折处的凹陷等缺陷。还能便于模具的机械加工和热处理，从而提高模具的使用寿命。

6. 孔

孔的形式很多，主要可分为圆形孔和非圆形孔。设计孔的位置时，注意不要影响塑件的强度，尽量减少模具制造的复杂性。根据孔径与孔深度的不同，孔可用下述方法成型：

（1）一般孔、浅孔，模塑成型。

（2）深孔，先模塑出孔的一部分深度，其余孔深用机械加工（如钻孔）获得。

（3）小径深孔（如孔径 $d < 1.5\ mm$），机械加工。

（4）小角度倾斜孔、复杂型孔，采用拼合型芯成型，避免用侧抽芯。

7. 嵌件

为了满足使用要求，有些塑件需要镶嵌金属或非金属零件，以提高塑件的力学性能、导电性、导磁性等性能。设计嵌件是需要注意以下几点：

（1）在注塑产品中镶入嵌件可增加局部强度、硬度、尺寸精度和设置小螺纹孔（轴），满足各种特殊需求。同时会增加产品成本。

（2）嵌件一般为铜，也可以是其他金属或塑料件。

（3）嵌件在嵌入塑料中的部分应设计止转和防拔出结构。如滚花、孔、折弯、压扁、轴肩等。

（4）嵌件周围塑料应适当加厚，以防止塑件应力开裂。

（5）设计嵌件时，应充分考虑其在模具中的定位方式（孔、销、磁性）。

5.3　橡胶的成形工艺

5.3.1　橡胶成形工艺基础

橡胶是指具有可逆形变的以高分子化合物为基础的高弹性聚合物材料，在室温下富有弹性，在很小的外力作用下能产生较大形变，除去外力后能恢复原状。常用的橡胶材料包括天然橡胶和人工合成橡胶。天然橡胶是从三叶橡胶树等植物中采集的高弹性物质；合成橡胶的原料则是石油、天然气以及石油产品等，其中主要品种有丁苯胶、乙丙胶、氯丁胶等。橡胶具有良好的耐磨性、隔音性、绝缘性等，是重要的弹性材料、密封材料、减振防振和传动材料,广泛应用于国防、交通运输、医疗卫生等方面。

1. 橡胶的成分

橡胶制品主要组分是由生胶、再生胶和各种添加剂组成的。

（1）生胶

没有加工过的原料橡胶,包括天然橡胶和丁苯、顺丁、氯丁等合成橡胶,是制造橡胶制品的主要组分。使用不同的生胶,可以制造不同性能的橡胶制品。

（2）再生胶

经过热、机械、化学塑化处理过的硫化胶,主要用作橡胶稀释剂、增量剂等配合剂。

（3）添加剂

除了生胶、再生胶之外的其他组分统称为添加剂或配合剂。添加剂种类繁多,加工工艺也相当复杂,这些添加剂的加入,起到了改变或改善生胶的物理性能、力学性能、加工工艺或降低成本的作用。

①硫化剂。又称交联剂,是在橡胶中引起交联的配合剂。它使橡胶分子之间产生交联,形成三维网状结构,变为具有高弹性的硫化胶。未硫化的橡胶有一定程度的塑形,掺混配合剂后经过成形和硫化即可获得所需性能的橡胶制品。

②增塑剂。用于提高特别是在低温下提高橡胶或其制品柔软性的配合剂,增塑剂能增加橡胶的塑形,使橡胶易于加工。

③塑解剂。受机械作用、加热或两者并存的影响,加入少量可因其化学作用而加速橡胶软化的添加剂。

④填料。为了技术或经济目的,可以相对大比例加入橡胶或胶乳中的粒状固体添加剂。

⑤硫化促进剂。使硫化剂活化从而加速硫化速度的物质。其作用是缩短硫化时间,降低硫化温度,减少硫化剂的用量,提高橡胶制品的物理力学性能。

⑥防老化剂。实质是抗氧化剂,目的是阻缓生胶氧化,延长橡胶制品的使用期。

5.3.2　橡胶的成形性能

1. 流动性

橡胶在一定温度、压力的作用下,能够充满型腔各个部分的性能称为橡胶的流动性。流动性的好坏,对橡胶成形过程有着重要影响,有时候直接决定成形的成败。成形时所需的压力、温度、模具浇注系统的尺寸及其参数都与流动性有关。胶料的流动性一般用黏度表示。

2. 流变性能

胶料的黏度随剪切速率而降低的特性称为流变性。流变性对橡胶的加工过程有十分重要的意义。流变性随分子量的增加及分子量分布的增宽而增加,还与压力、温度、成形速率等加工条件有关。

3. 硫化性能

为了改善橡胶的性能必须对其进行硫化。在硫化过程中橡胶的各种性能都随时间增加而发生变化,胶料硫化性能的好坏主要体现在快速硫化、高交联率、焦烧安全性、存放稳定性方面。

4. 热物理性能

热物理性能也是橡胶成形的主要性能之一,他的优劣直接影响制品性质。对热物理性能有影响的因素是热导率、热扩散率及体积热容。

5.3.3　橡胶成形的工艺流程

凡是天然橡胶和合成的橡胶统称为生胶,大多数生胶需经过塑炼后加入各种添加剂混炼,然后才能成形,在经过硫化处理制成各种橡胶制品。因此,橡胶制品生产的基本过程包括生胶的塑炼、胶料的混炼、橡胶成形和制品的硫化。

1. 塑炼

指把具有弹性的生胶转变为可塑性胶料的过程。可塑性就是橡胶受到外力产生变形,当外力消除后橡胶仍能保持其形变的能力。塑炼的目的是使生胶获得可塑性,满足加工需求,并且还能使生胶可塑性均匀化,以便制得智联均匀的胶料。

2. 混炼

指在炼胶机上将各种添加剂加入到橡胶中制成混炼胶的工艺过程。混炼的目的是保证产品的质量、使胶料进一步加工并且高效节能。

3. 成形

是将混炼胶制成所需形状、尺寸和性能的橡胶制品的过程。常用的成形方法有压延成形、注射成形、挤出成形等。

4. 硫化

即通过改变橡胶的化学结构而赋予橡胶弹性,或改善、提高并将橡胶弹性扩展到更宽温度范围的工艺过程。

5.3.4　橡胶成形方法

橡胶成形方法在橡胶制品的生产过程中占有举足轻重的地位。从生产过程来看橡胶制品可分为模塑制品和非模塑制品两大类,由于橡胶材料添加剂较多,又涉及橡胶材料的加工工艺,所以简单介绍几种常用的橡胶成形方法。

1. 压延成形

指经过混炼的胶料通过专用压延设备上的两对转棍筒,利用两辊筒之间的挤压力,使胶料产生塑性延展变形,制成具有一定断面尺寸规格、厚度和几何形状的片状或薄膜状聚合物或使纺织材料、金属材料表面实现挂胶的工艺过程。压延成形是一个连续的生产过程,具有生产效率高、制品厚度尺寸精确、表面光滑、内部紧实的特点。但其工艺条件控制严格、操作技术要求高,主要用于制造胶片和胶布等。

压延主要包括压片、贴合、压型、贴胶、擦胶等工艺。常用的压延设备有三辊压延机和四辊压延机。

2. 挤出成形

挤出成形使胶料在挤出机中塑化和熔融,并在一定的温度和压力下连续均匀地通过机头模孔挤出成为具有一定的断面形状和尺寸的连续材料。挤出成形操作简单,生产效率高,工艺适应性强,设备结构简单;但制品断面形状较简单且精度较低。挤出成形常用于成形轮胎外胎胎面,内胎胎筒和胶管等,也可用于生胶的塑炼和造粒。

3. 注射成形

注射成形是一种将胶料直接从机筒注入闭合模具硫化的生产工艺,即先将胶料加热塑化成熔融态,再高压注射到模具的模腔中热压硫化成形。在注射成形过程中,由于胶料在充型前一直处于运动状态受热,因此各部分的温度较压制成形时均匀,且橡胶制品在高温模具中短时即能完成硫化,制品的表面和内部的温差小,硫化质量较均匀。注射成形的橡胶制品具有质量较好、精度较高,而且生产效率较高的工艺特点。

橡胶注射成形的工艺过程:预热塑化、注射、保压、硫化、脱模和修边等工序。注射成形要严格控制工艺条件,主要有料筒温度、注射温度(胶料通过喷嘴后的温度)、注射压力、模具温度和成形时间。还应合理掌握硫化时间,以得到高质量的硫化橡胶制品。

4. 压制成形

橡胶的压制成形是将经过塑炼和混炼预先压延好的橡胶坯料,按一定规格和形状下料后,加入到压制模中,合模后在液压机上按规定的工艺条件进行压制,使胶料在受热受压下以塑性流动充满型腔,经过一定时间完成硫化,再进行脱模、清理毛边,最后检验得到所需制品的方法。

复习思考题

1. 简述高分子链的结构特点。
2. 简述注射成形及其特点。
3. 聚合物有哪些成形性能?
4. 试简述挤出成形的工艺过程。
5. 简述吹塑成形的工艺过程。
6. 塑料与橡胶的本质区别是什么?
7. 简述橡胶成形工艺过程。

第6章 复合材料成形技术

复合材料是由两种或两种以上物理和化学性质不同的材料组合起来的一种多相固体材料。在复合材料中,通常有一相为连续相,称为基体;另一相为分散相,在复合材料承受外加载荷时是主要承载相,所以也称为增强体。分散相是以独立的形态分布在整个连续相中的,两相之间存在相界面。分散相可以是增强纤维,也可以是颗粒状或弥散的填料。

复合材料按基体材料可分为聚合物基复合材料、金属基复合材料和陶瓷基复合材料。复合材料的两个主要特点是:第一是性能的可设计性;第二是材料与构件成形的一致性,即成形过程就是制品的成形过程。复合材料所期望的复合效果是依靠增强体与基体的叠加(或互补),使复合材料获得一种新的、独特的又由于各单元组分的简单混合物的性能。

复合材料成形之前,增强体表面(通常是纤维、织物或者颗粒)在复合过程中与基体相黏结,它的物理、化学状态及几何形状通常是不变化的,但是可能受到复合过程中机械作用和湿热的影响,而基体材料在复合过程中的确立要经历从状态到性质的变化。

6.1 聚合物基复合材料成形

聚合物基复合材料的性能在纤维与树脂体系确定后,主要决定于成形工艺。成形工艺主要包括以下两个方面:一是成形,即将预浸料(预浸料通常是预先将纤维浸渍树脂后经过烘干或预聚的一种中间材料)按产品的要求,铺置成一定的形状,一般是成品的形状;二是固化,把已经铺置成一定形状的叠层预浸料,在温度、压力和时间的影响下使形状固定下来,并能达到预期的性能要求。

6.1.1 手糊成形

手糊成形又叫接触成形,是手工作业把玻璃纤维织物和树脂交替铺在模具上,然后固化成型为玻璃钢制品的工艺。用手糊成形方法制作聚合物基复合材料的工艺过程如图6-1所示。在我国,手糊成形工艺占国内所有热固性树脂基复合材料成形工艺的80%左右,是热固性树脂基复合材料成形方法中使用最早和最广的一种成形方法。

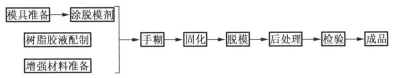

图6-1 手糊成形工艺过程

手糊成形的模具构造分为阳模、阴模和对模三种。可以根据尺寸大小和成形要求设计成整体模或拼装模。手糊成形的脱模剂主要是外脱模剂,常用乙烯醇溶液、聚酯薄膜、硅脂等。

手糊工艺的特点是不需要复杂的设备生产技术,易掌握,工艺适应性强,制品尺寸、形状不受限制;但是生产效率低、周期长,产品质量不够稳定,不适合大批量生产,操作人员生产环境差,气味大,粉尘多。

手糊成形广泛应用于复合材料工业,如航空航天、舰船、汽车、医疗等。

6.1.2 模压成形工艺

模压成形工艺(Pressure Molding)是指将模压料置于金属对模中,在一定的温度下,加压固化为复合材料制品的一种成形工艺,是一种对热固性树脂和热塑性树脂都适用的纤维增强复合材料的成形方法。模压成形工艺过程(图6-2)是:将一定量的模压料(预混料或预浸料)置于金属对模模具型腔内,以一定温度和压力,使型腔内的模压料在温度和压力的作用下熔融并充满型腔,发生固化反应。

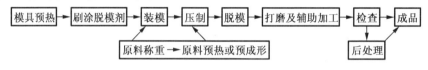

图6-2 模压成形工艺流程示意图

模压成形工艺根据使用模压材料形式和状态的不同,大致可分为短纤维模压法、毡料模压法、碎布料模压法、层压模压法、织物模压法、定向铺设模压法、预成形坯模压法、片状模塑料模压法等。

模压成形的优点为生产效率高,可以实现自动化控制,产品质量好,尺寸精度高,重复性好,表面光洁,成形速度快,制品的质量不受工人技能影响;缺点为模具制造复杂,投资大,只适合大批量生产,制品尺寸受压机吨位限制。

模压成形广泛应用于卫星天线罩、车辆外壳、保险杠、座椅等制造领域。

6.1.3 拉挤成形

拉挤成形技术是将浸渍过树脂胶液的连续玻璃纤维束或布带,通过成形模具成形,并在模具中或加热炉中进行固化,在牵引机的拉力作用下,连续拉拔玻璃钢型材的方法。

拉挤成形工艺流程为:玻璃纤维束、布准备—胶液配制—浸胶—预成形—挤压模塑及固化—牵引—切割—制品。在成形过程中需要控制玻璃纤维的输送、胶液浸渍、预成形、挤压模具温度、牵引系统、切割系统等,如图6-3所示。

拉挤成形的优点是:生产效率高,可实现自动化控制;增强材料含量高(40%~80%),制品性能稳定,强度高;可切成任意长度,不需要或仅需要进行少量加工,损耗少;制品纵向和横向强度可按力学性能要求任意调整。缺点是产品形状单一,只能生产线性制品。

拉挤成形应用广泛,如电路、建筑工业、交通、体育娱乐等领域。

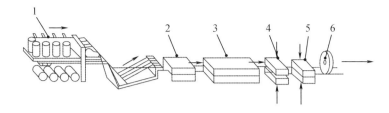

图 6-3 拉挤成形工艺流程
1—纱架;2—胶槽;3—预成形模;4—固化模;5—牵引;6—切割

6.1.4 树脂传递模塑(RTM)成形工艺

树脂传递模塑(Resin Transfer Molding)也称压注成形,是一种闭模成形方法。RTM 成形工艺流程见图 6-4。将增强材料铺放到可以闭合的模腔内,模腔空间具有制件的形状,在模腔内涂有胶衣树脂。将液态热固性树脂及固化剂由计量设备分别从储桶内抽出,经静态混合器混合均匀,用液压泵注入模腔内使之浸渍已置于模腔内的纤维织物坯件的空隙之中,然后固化成形,脱模,加工修整成为制品。用于 RTM 工艺的树脂系统主要是通用型树脂和聚酯树脂,增强体一般以玻璃纤维为主,常用玻璃纤维毡、短切纤维毡、无捻粗纱布、预成形坯和表面毡等。

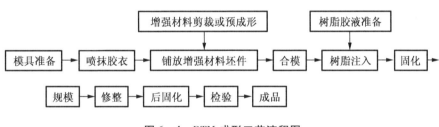

图 6-4 RTM 成形工艺流程图

RTM 成形工艺的优点:制品尺寸精度高,两面光滑;工艺环节少,生产周期短,原料损耗少;操作人员劳动强度低,工作环境污染少。缺点是模具设计和加工比较复杂。

6.2 金属基复合材料成形

制备金属基复合材料,关键在于基体金属与增强材料之间应获得良好的浸润和合适的界面结合。其制品的成形工艺过程主要包括增强材料的预处理或预成形、基体金属与增强材料的复合和复合材料的成形等步骤。通常金属基复合材料制品的成本高,因而主要应用于航空航天领域。下面介绍几种常用的成形工艺。

6.2.1 固态法

固态法制备金属基复合材料的方法主要包括粉末冶金法、扩散黏结法。

1. 粉末冶金法

粉末冶金法是一种用于制备与成形颗粒增强金属基复合材料的传统固态工艺法。粉末冶金法首先采用超声波或球磨等方法,将金属基体粉末和增强材料粉末均匀混合后进行冷压得到半成品,然后装入密封模具,升温至基体合金固相线附近,最后通过热压烧结致密化获得复合材料成品。该工艺流程如图 6 - 5 所示。

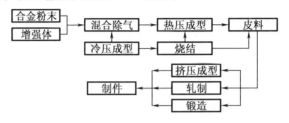

图 6 - 5　粉末冶金工艺流程图

粉末冶金的优点:增强体的体积含量不受限制,制件尺寸可以较大范围内变化;缺点:制造成本高,受压机吨位和工作台尺寸限制。

主要采用粉末冶金工艺制造的铝/颗粒(晶须)复合材料具有很高的比强度、比模量和耐磨性,用于制造汽车、飞机、航天器等的零件、管、板和型材。该方法也适用于制造钛基、金属间化合物基复合材料制品。

2. 扩散黏结法

扩散黏结法是一种在较长时间、较高温度和压力下,通过固态焊接工艺,使同类或不同类金属在高温下互扩散而黏结在一起的工艺。热压固结成形工艺是目前制造硼纤维、碳化硅纤维增强铝、钛超合金等金属基复合材料的主要方法之一。工艺过程如图 6 - 6 所示。

热压过程是整个工艺流程中最重要的工序。压制过程可以在真空、惰性气体或大气环境中进行。常用的压制方法有三种。

(1)热压法

将预制片或复合丝按要求铺在金属箔上,交替叠层,再放入金属模具中或封入真空不锈钢套内,加热、加压一定时间后取出冷却,去除封套。

(2)热等静压法

将预制片装入金属或非金属包套中,抽真空并封焊包套。再将包套装入高压容器内,注入高压惰性气体(氦或氩)并加热。高压容器内气体受热膨胀后均匀地对受压件施以高压,基体金属通过塑性流动和扩散黏结成密实的复合材料制品。此法可制造形状较为复杂的零件,但设备昂贵。

(3)热轧法

将预制片交替排成坯件,用不锈钢薄板包裹或夹在两层不锈钢薄板之间加热和多次反复轧制,制成板材或带材。热压固结法制备金属基复合材料的技术已成熟,已成功地用来制造飞机主仓框架承力柱、火箭部件及发动机叶片等。

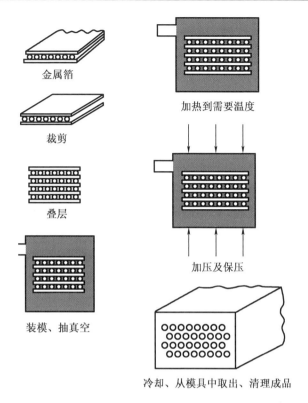

图 6-6　金属扩散黏接工艺过程简图

6.2.2　液态法

1. 液态金属浸润法

液态金属浸润法的实质是使基体金属在熔融状态下与增强材料浸润结合,然后凝固成形。通常有以下实施方法。

(1)常压铸造法

将经过预处理的纤维制成整体或局部形状的零件预制坯,预热后放入浇注模,浇入液态金属,靠重力使金属渗入纤维预制坯并凝固。此法可采用常规铸模和铸造设备,制造成本低,适于较大规模的生产。但复合材料制品易存在宏观或微观缺陷。

(2)液态金属搅拌法

将基体金属放入坩埚中熔化,插入旋转叶片搅拌金属液,并逐步加入弥散增强材料,直至增强材料在熔体中均匀弥散分布为止。然后进行脱气处理,注入模中凝固成形。可以采用熔模铸造直接生产零件,也可先制成铸坯,再经塑性成形加工,生产板、管和各种型材。该法设备较为简单,生产成本低,主要用于陶瓷颗粒增强金属基复合材料的制造。

(3)真空加压铸造法

真空加压铸造法是在真空(或惰性气体)的密闭容器中加热纤维预制坯和熔化金属,随后将铸模的引流管插入熔融金属中,并通入惰性气体对金属液面施以一定压力,强制液态金属渗入预制坯,冷却凝固后制成复合材料或制品,如图 6-7 所示。该方法可防止纤维和基体金属在加热过程中氧化,有利于纤维表面净化,改善其浸润性,从而显著减少复合材料和制品中的缺陷,适于生产小型零件,但生产率较低。

（4）挤压铸造法

先将增强材料放入配有黏结剂和纤维表面改性剂的溶液中,充分搅拌,而后压滤、干燥并烧结成具有一定强度的预制坯件,如图6-8所示。随后将预热后的预制坯放入固定在液压机上经预热的模具中,注入液态金属,加压使金属渗透预制坯,并在高压下凝固成形为复合材料制品。该成形方法可生产材质优良、加工余量小的制品,成本低,生产率高。

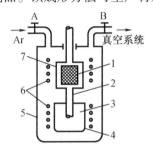

图6-7　真空加工铸造装置示意图

1—纤维预制品;2—引流管;3—液体金属;

4—坩埚;5—密封容器;6—加热器;7—铸模

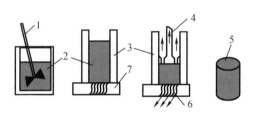

图6-8　短纤维预制坯件制造过程

1—搅拌器;2—晶须和水;3—模子;4—活塞;

5—纤维预制体;6—水;7—过滤器

2. 喷雾共沉积

喷雾共沉积工艺是用于生产陶瓷颗粒增强金属基复合材料的一种新工艺,如图6-9所示。熔融金属从炉子底部的浇铸孔流出,经喷雾器被高速惰性气体流雾化,同时由喷粉器用气体携带陶瓷颗粒加入雾化流中使其混合、沉降,在金属滴尚未完全凝固前喷射在基板或特定模具上,并凝固成固态共淀积体。该工艺成形制品的致密度高,陶瓷颗粒分布均匀,生产率高。该法可直接生产不同规格的空心管、板、锻坯和挤压锭等。当然该工艺也可用于金属之间的复合成形。

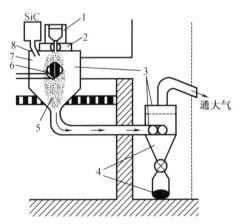

图6-9　喷雾共淀积工艺示意图

1—熔炉;2—雾化器;3—卸压孔;4—旋流集尘器过剩粉末;5—收集器;

6—沉积基底;7—喷射室;8—SiC喷射口

3. 半固态复合铸造成形

将温度控制在液相线与固相线之间对金属液进行搅拌以获得半固态金属液,在搅拌的情况下将增强物颗粒缓慢加入含有一定固相金属晶粒(通常固相金属晶粒的质量分数为40%～60%)的半固态金属液中。由于半固态金属液中存在大量的固相金属晶粒,可有效防止增强颗粒的浮沉或凝聚,且分散较均匀。此外,由于金属液温度较全液相的低,因而吸气量也相对较少。采用这种半固态复合体进行铸造可获得分散良好的颗粒增强金属基复合材料制品。短纤维和晶须增强金属基复合材料制品采用该工艺有一定困难,因为短纤维和晶须在加入时容易结团或缠结,不易分散均匀。

6.2.3 其他方法

除固态法和液态法之外,还有一些制造金属基复合材料的方法。它们是通过运用化学、物理等基本原理而发展的一些金属基复合材料制造方法,如原位自生成法、物理气相沉积法和化学气相沉积法等。

原位自生成法是指增强材料在复合材料制造过程中能基体中生成和生长的方法。根据增强材料的生长方式,可分为定向凝聚的方法和反应自生成法等。

物理气相沉积法的基本原理是用物理凝聚的方法将多晶原料气相转化为单晶体。常用的方法有升华 – 凝结法、分子束法和阴极溅射法等

化学气相沉积过程中有化学反应发生。常用方法有化学传输法、气相分解法、气相合成法和 MOCVD 法等。

6.3　陶瓷基复合材料成形

短纤维、晶须、晶片和颗粒等增强体的陶瓷基复合材料,其增强体粒子一般不需要进行特殊处理,多直接沿用传统陶瓷制备工艺。但连续纤维增强陶瓷基复合材料存在其独特的成形工艺,本节简要介绍其主要的成形工艺。

1. 浆料浸渍热压

采用该工艺制造连续纤维增强陶瓷基复合材料的工艺过程,如图 6 – 10 所示。纤维束(或纤维预制体)通常经过陶瓷浆料(至少由陶瓷基体粉末、水或乙醇、有机黏结剂 3 种组分配制而成)进行浸渍,再压制切断成单层薄片,然后按一定方式排列成层板,放入加热炉中烧去黏结剂,最后加压使之固化。该工艺由于受到热压烧结等的限制,通常只能制作形状简单的一维或二维纤维增强陶瓷基复合结构件。

2. 气 – 液反应成形

此工艺是将熔融金属直接氧化而制备陶瓷基复合材料,商业名称为 Lanxide 工艺。它是利用金属熔体在高温下与气、液或固态氧化剂发生氧化反应而生成复合材料,具有工艺简单、成本低廉、反应温度低、反应速度快等优点,且制品的形状及尺寸几乎不受限制,其性能还可由工艺调控。尽管其致命弱点是存在残余金属,使高温强度显著下降,但常温性能优越,所以已成为陶瓷基复合材料制备中具有吸引力的方法之一。

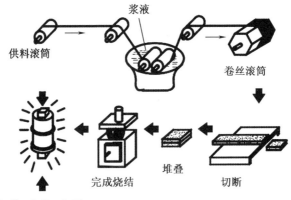

供料滚筒　　浆液　　　　卷丝滚筒

完成烧结　　堆叠　　切断

加载，加热，加压

图 6-10　浆料浸渍热压工艺示意图

3. 化学气相渗透(CVI)

采用传统的粉末烧结或热等静压工艺制备先进陶瓷基复合材料时,纤维易受到热、机械、化学等作用而产生较大的损伤,严重影响制品的使用性能。CVI 法可避免此类问题。

典型的 CVI 过程中的传质和化学反应包括下列步骤:

(1)源气(即与载气混合的一种或数种气态先驱体)通过扩散或由压力差产生的定向流动输送至预成形体周围;

(2)源气通过预成形体的孔隙向其内部渗透;

(3)气态先驱体被吸附于预成形体孔隙内(即纤维周围);

(4)气态先驱体在孔隙内发生化学反应,所生成的同体产物(成晶粒子)沉积于孔隙壁上,成晶粒子经表面扩散排入品格点阵,使孔隙壁的表面逐渐增厚,同时产生气态的副产物;

(5)气态副产物从孔隙壁解吸,并扩散于载气中,随载气从系统排除。

我们称使先驱体发生反应并将反应产物沉积于它上面的部分为"基底"。用 CVI 技术制备陶瓷基复合材料时,基底最先是预成形体中的纤维表面,或者是包裹于纤维周围的涂层的表面。随后,基底则是陆续沉积和逐渐加厚的反应产物。通过 CVI 所沉积的有用的反应产物称为"基质",它就是陶瓷基复合材料的基体。

CVI 设备由下列部分组成:气体传输系统、放置与固定预成形体并能将预成形体和气态先驱体加热至反应温度的高温反应罐、排除副产物的排气系统、气体的流量、压力及温度监控系统。现代的 CVI 设备还包括精密的计算机控制系统,用以连续监控工艺过程和监测工件质量,以确保严格按照预先确定的加工条件和操作步骤进行安全生产并获得合格的制品。

与粉末烧结和热等静压等常规工艺相比,CVI 工艺在无压和相对低温条件下进行,可通过改变气态前驱体的种类、含量、沉积顺序、沉积工艺等,对陶瓷基复合材料制品的基体组成与微观结构等调节比较方便。该工艺可成形形状复杂、纤维体积分数较高的陶瓷基复合材料,但成形周期长,成本高。

4. 溶液浸渍热裂

溶液浸渍热裂工艺也是制造纤维增强陶瓷基复合材料制品的有效方法。例如,制造碳纤维/氧化铝或 Si_3N_4 纤维/氧化铝复合体制品时,可将纤维(碳纤维或 Si_3N_4 纤维)先制成预制体,然后将预制体在三烷氧基铝聚合物溶液中反复浸渍,最后进行高温裂解,即得到具有预制体形状的纤维增强陶瓷基复合材料制品。

5. 碳/碳复合材料成形

碳/碳复合材料的制造工艺周期长、工序多、成本高。包括作为增强剂的碳纤维及其织物的选择;作为基体碳先驱物的选择;碳/碳预制体的成形;形成碳基体的致密化等。

(1)预制体的成形

预制体是指按产品形状和性能要求先把碳纤维成形为所需结构形状。按增强方式可分为单向纤维增强、双向纤维增强和多向纤维增强;或分为短纤维增强和连续纤维增强。短纤维增强的预制体常采用压滤法、浇铸法、喷涂法、热压法;连续纤维增强可采用传统成形方法,如预浸布、层压、铺层、缠绕等方法做成预制体,或采用近年来得到迅速发展的多向编织技术做成预制体。

(2)碳/碳的致密化

碳/碳的致密化过程就是基体碳形成的过程,实质是用高质量的碳填满碳纤维周围的空隙以获得结构、性能优良的碳/碳复合材料制品。最常用的有两种基本工艺:树脂(或沥青)的液相浸渍工艺和碳氢化合物气体的气相渗透工艺。气相渗透工艺过程如前所述。

树脂浸渍工艺的典型流程是:将碳纤维预制体置于浸渍罐中,在真空状态下用树脂液浸没预制体,再充气加压使树脂浸透预制体,然后将浸透树脂的预制体放入固化罐内进行加压固化,随后在炭化炉中的保护气氛下进行炭化。由于在炭化过程中非碳元素分解,会在炭化后的预制体中形成许多孔洞,因此需要多次重复以上浸渍、固化、炭化步骤以达到致密化要求。沥青浸渍工艺与树脂浸渍工艺的不同之处在于,需要先将沥青在熔化罐中真空熔化,再进行浸渍。

近几年,法国研究人员提出了一种液相气化沉积工艺(RDT)。RDT 工艺的主要过程是把碳纤维预制体浸渍于液态烃内,将整个系统加热至沸点,气态烃渗入到预制体内,从里向外沉积热解碳,可在很短时间内完成碳/碳复合材料的致密化。RDT 工艺的原理是液态烃达到沸点后不断气化,使预制体表面温度下降而心部保持很高温度,从而实现预制体内液态烃从内向外逐渐裂解沉积。该工艺可以使沉积周期大大缩短,表现出明显的应用潜力。

复习思考题

1. 什么是复合材料? 复合材料常用的分类方法有哪些?

2. 什么是手糊成形? 简述其特点。

3. 什么是模压成形? 简述模压成形的特点及其分类。

4. 金属基复合材料常用的成形方法有哪些?

5. 简述化学气相渗透(CVI)法的特点。

参 考 文 献

[1]邓文英.金属工艺学[M].北京:高等教育出版社,1990.

[2]李庆春.铸件形成理论基础[M].北京:机械工业出版社,1982.

[3]张启芳.热加工工艺基础[M].南京:东南大学出版社,1996.

[4]张万昌.热加工工艺基础[M].北京:高等教育出版社,1991.

[5]胡汉起.金属凝固[M].北京:冶金工业出版社,1985.

[6]任正义.材料成形工艺基础[M].哈尔滨:哈尔滨工程大学出版社,2004.

[7]李魁盛.铸造工艺设计基础[M].北京:机械工业出版社,1981.

[8]叶荣茂.铸造工艺设计简明手册[K].北京:机械工业出版社,1997.

[9]宫克强.特种铸造[M].北京:机械工业出版社,1982.

[10]铸造工程师手册编写组.铸造工程师手册[K].北京:机械工业出版社,1997.

[11]谢成木.钛及钛合金铸造[M].北京:机械工业出版社,2004.

[12]孙康宁.现代工程材料成形与机械制造基础[M].北京:高等教育出版社,2010.

[13]沈其文.材料成形与机械制造技术基础[M].武汉:华中科技大学出版社,2011.

[14]邢忠文.金属工艺学[M].哈尔滨:哈尔滨工业大学出版社,2008.

[15]孙康宁.工程材料与机械制造基础课程知识体系和能力要求[M].北京:清华大学出版社,2016.

[16]江树勇.材料成形技术基础[M].北京:高等教育出版社,2013.

[17]丁德全.金属工艺学[M].北京:机械工业出版社,2014.

[18]胡亚民.材料加工学[M].北京:机械工业出版社,2012.

[19]姚泽坤.锻造工艺学与模具设计[M].西安:西北工业大学出版社,2013.

[20]李长河.金属工艺学[M].北京:科学出版社,2014.

[21]闫洪.塑性成形原理[M].北京:清华大学出版社,2006.

[22]施江澜.材料成形技术基础[M].北京:机械工业出版社,2014.

[23]Kou S. Welding Merallurgy[M]. Hoboken,New Jersey:John Wiley & Sons, INC. , 2003.

[24]利波尔德 J C.焊接冶金与焊接性[M].屈朝霞,译.北京:机械工业出版社,2016.

[25]张洪涛.特种焊接技术[M].哈尔滨:哈尔滨工业大学出版社,2013.

[26]王文先.焊接结构[M].北京:化学工业出版社,2012.

[27]陈裕川.焊接结构制造工艺使用手册[K].北京:机械工业出版社,2012.

[28]严绍华.材料成形工艺基础[M].北京:清华大学出版社,2001.

[29]吴林.智能化焊接技术[M].北京:国防工业出版社,2000.

[30]陈彦宾.现代激光焊接技术[M].北京:科学出版社,2005.

[31]卢本.金属焊接技术禁忌[M].北京:机械工业出版社,2008.

[32]李亚江.异种难焊接材料的焊接与应用[M].北京:化学工业出版社,2004.

[33]李亚江.低合金钢焊接及工程应用[M].北京:化学工业出版社,工业装备与信息工程出版中心,2004.

[34]吴志生.金属材料焊接基础[M].北京:化学工业出版社,2006.

[35]付荣柏.焊接变形的控制与矫正[M].北京:机械工业出版社,2006.

[36]雷玉成.焊接成形技术[M].北京:化学工业出版社,2004.

[37]赵熹华.焊接方法与机电一体化[M].北京:机械工业出版社,2001.